全图解

柑橘生产
痛点难点及解决方案

刘湘林　姜　波　马崇坚◎主编

U0380810

中国农业出版社

北　京

内容简介

　　本书主要介绍了柑橘生产中种植户尤为关注的病虫害防控、水肥管理、品质提升等重点、痛点、难点问题及对策。该书图文并茂，内容丰富，发病症状介绍详细，应对方案简洁易懂，具有极强的针对性、实用性与操作性。

　　本书可作为农业技术人员、农业农村基层干部、科技示范户及广大柑橘种植户的专业技术指导教材。

编 委

主　编　刘湘林（韶关小桔灯农业科技有限公司）

　　　　姜　波（广东省农业科学院果树研究所）

　　　　马崇坚（韶关学院）

副主编　罗伟雄（韶关市农业科技推广中心）

　　　　周志勇（韶关小桔灯农业科技有限公司）

　　　　莫博程（湖南橘友生物科技有限公司）

参　编　马建新（仁化县农业农村发展服务中心）

　　　　邓　裕（惠州迅美农资有限公司）

　　　　邓子宏（仁化县农业农村局）

　　　　邓亚男（湖南省农业科学院）

　　　　阮琴妹（韶关市农业协会）

　　　　李伟新（广东省矿产应用研究所）

　　　　何君健（惠州迅美农资有限公司）

　　　　林昌华（韶关学院）

　　　　周利长（乳源瑶族自治县农业农村局）

　　　　周宪林（乳源瑶族自治县农业技术推广中心）

　　　　涂新红（仁化县畜牧兽医水产局）

　　　　贾春生（韶关学院）

　　　　朱伟东（仁化县农业农村发展服务中心）

　　　　刘　靖（仁化县农业农村发展服务中心）

　　　　余鑫涛（仁化县农业农村发展服务中心）

　　　　孔令岩（仁化县国家现代农业示范区管理委员会）

序

近几年，柑橘种植面临着巨大的挑战，黄龙病、黄化病等严重阻碍了柑橘产业发展；土壤、气候、病虫害的变化也给种植户带来新的挑战，这些问题的主要核心点是科学管理。潮汕果农称"柑树食人影"，即人勤在柑橘园，走在柑橘园，才能发现问题并及时处理问题。那么，要如何处理问题以提高管理水平，使柑橘丰产、稳产、树壮、长寿呢？这需要植保、水肥、设施、苗木、土壤管理等各方面的融合，时代呼唤这样的融合方式，也只有这样才能让柑橘产业走健康、稳步、可持续发展、高品质道路。

我多次和本书的编者们进行交流，发现他们热爱柑橘，想为柑橘种植户出一份力。他们已经和小桔灯平台建立了柑橘技术＋互联网交流平台，把团队亲自试验的结果、专家意见、种植达人的方法等各方成果与广大柑橘种植者连接在一起；对柑橘苗木、种植、病虫害防治、肥水及土壤管理等一系列的难点、经验、科研成果进行讨论交流，寻找最佳解决方案，帮助柑橘种植者提高管理水平；同时利用互联网技术迅速、及时解决柑橘生产中各种实际问题，使广大果农受益。故将此书和平台推荐给大家，让我们一起学习、成长、收获。

2019年5月

目 录

第三章　主要病虫害防治

第一章

种植管理月历

第一节
结果树管理月历

1~2月（节气：小寒、大寒、立春、雨水）
树体生育期：休眠期、花芽分化期

农事重点

修剪清园

施冬肥

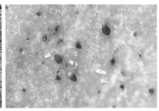
防治红蜘蛛

一、气候

全年最冷月份，气候变化剧烈，冷热交替，极端气候现象偶有发生，如低温霜冻、阴雨大风天气。

极端气候对柑橘树体生长发育有极大影响：暖冬土壤及树体水分蒸发量大，易发生干旱，同时会促使果树枝干形成层和根提早活动致使提前抽梢、开花。冷暖反复的情况下还会出现多次开花现象，大量消耗树体营养。倒春寒严重危害果树的生长，尤其是突然性的霜冻，会导致萌发的嫩梢、花芽或幼果产生不同程度的冻害，对柑橘的植株生长、开花结果以及果实膨大等产生极大的影响，进而影响到果实的品质和产量，严重时绝收。

二、管理要点

（一）树形控制与清园修剪

1.树形控制要点。短截处理各级主干枝的延伸枝，抹除夏梢，促发健壮秋梢。及时回缩成果枝组、落花落果枝组和衰弱枝组，剪除枯枝、病虫枝。对主干枝过多的、树冠郁闭严重的树，采用大枝修剪法，锯去中心直立性主干大枝，露出"天窗"，将光线引入内膛，保证较强的光合作用。

2.清园要点。挖除病树，将枯枝、病虫枝及落叶落果等清出果园烧毁。

3.总体要求。①树体层次分明、疏密有致、通风透光。②剪去外围中庸挂果枝，去除过强过弱挂果枝条。

4.具体操作。①疏除病虫枝、交叉枝、重叠枝、扫把枝（5留3、3留2）。②剪除霸王枝、直立枝脚枝（<40厘米）、内膛枝（<10厘米）。③回缩过长枝、过高枝。

（二）冬肥施用

1.施肥时间。采果树树势恢复后，气温低于12℃时，可视当年冬春天气预报的实际情况确定，暖冬晚施肥，以免过早促进树体生长。

2.施肥种类。有机肥作基肥，配合速效肥进行施用。一般为施用腐熟有机肥4.0～7.5千克／棵＋高钾型复合肥100～200克／棵＋钙镁硼锌铁等元素肥100～200克／棵，在须根多处施用，拌土均匀后覆盖。

3.施肥方式。依据柑橘树体对肥料的需求以及不同的施肥目的确定施肥方式，多以深沟填埋有机肥作为基肥为主，晚冬早春时撒施或喷施速效肥或叶面肥辅助。

（三）病虫害整体防治

重点降低红蜘蛛、木虱虫口数及褐斑病、炭疽病等病原基数。
药剂选择：矿物油＋炔螨特＋苯醚甲环唑/丙环唑/戊唑醇＋阿维菌素。

3月（节气：惊蛰、春分）
树体生育期：春梢萌芽期、现蕾期

<h2 style="text-align:center">农 事 重 点</h2>

| 疏通排水沟 | 除杂草 | 防治红蜘蛛 | 防治柑橘木虱 |

一、气候

气温回升，经常出现持续低温阴雨天气或春旱。

持续低温阴雨天气即缺乏阳光，会影响柑橘树体正常的枝条和花蕾生长发育，导致早期的落花和花蕾发育不正常；而春旱即降水量少，因水分供应不足会导致树势弱和生长不良，对病害、虫害抗性减弱。

二、管理要点

（一）果园排灌水

规划与完善好果园排灌水系统，封堵外围进水口，园内开沟挖渠，清除沟底淤泥。有条件果园可安装水肥一体化灌溉系统，保证柑橘生长的水肥供应。

（二）强壮树势

树体若树势较弱可淋施含腐殖酸大量元素水溶肥，迅速恢复树势。

（三）施用促花促梢肥

春梢萌芽施用多肽+硼肥，现花蕾施用多肽+磷钾肥+硼肥。

（四）果园除草

彻底清除树盘处杂草，抑制果园恶性杂草，减少养分竞争，增强肥效。清除病虫害的越冬场所和繁衍地，防止春季温度回升时病虫滋生。

药剂选择：草甘膦/草铵膦+烯草酮（视果园杂草情况选择配方）。

（五）病虫害防治

春梢萌发一粒米长（约0.5厘米）时喷施药剂提前防治病虫害，重点防治褐斑病、红蜘蛛、木虱、蚜虫，5～10天喷1次。可混合水溶肥一起施用，促新梢发生。

药剂选择：吡唑醚菌酯/代森锰锌+咪鲜胺/苯醚甲环唑/戊唑醇+阿维菌素·乙螨唑+高氯·噻虫嗪+多肽+磷钾+硼肥。

4月（节气：清明、谷雨）
树体生育期：春梢抽发期、开花期

农 事 重 点

一、气候

排积水　　　　　　　　淋水肥　　　　　　　防治柑橘木虱

气温继续回升，时有阴雨天气或春旱现象发生。

在柑橘开花期如果遇到长时间的阴雨天气，会使果树花粉质量变差，授粉受精极不佳，花朵会提前脱落。同时雨水过多还会造成土壤湿度过大，使果树根系吸收养分的能力受到严重抑制，导致果树出现严重的落花问题。

如果开花期严重缺水，肥水不协调，施肥后由于土壤干旱，肥料吸收缓慢，导致肥料利用率低下，无法保证柑橘植株正常生长发育。

二、管理要点

（一）果园排水

4月雨水较多，继续据果园排水现状疏通果园排水系统，保持合适的果园土壤湿度，不致因过湿、积水而导致树体衰弱。

（二）施肥

对树势弱、花量多的树可淋施含腐殖酸大量元素水溶肥＋50～100克高氮高钾复合肥，促进树势恢复。

（三）保果

对花较多的果树可在谢花后喷施多肽，以补充营养；对花少或酸橘砧木树可在谢花2/3时施用保果药剂（赤霉素＋细胞分裂素），防小果大量脱落。

（四）病虫害防治

4月为病虫害高发期，应及时喷施药剂防治褐斑病、炭疽病、红蜘蛛、木虱、蚜虫、蓟马等，5～10天施用1次，雨前或雨后用药，可据药剂特点混合喷施，着重防治褐斑病。

柑橘褐斑病是真菌性病害，病叶初生时多为散落圆形褐色小点，后扩大为圆形深褐色的病斑，严重时春梢枯死，幼果脱落接近绝产。

防治褐斑病药剂选择：代森锰锌/吡唑醚菌酯＋咪鲜胺/苯醚甲环唑/戊唑醇＋联苯肼酯·螺螨酯＋氯氟·吡虫啉＋硼肥＋磷钾肥＋多肽。

5月（节气：立夏、小满）
树体生育期：春梢老熟期、夏季膨果期

农 事 重 点

防治溃疡病（叶）

防治溃疡病（果）

试验前

喷施7天后

喷施27天后

氟节胺控夏梢

一、气候

气温升高快，开始出现汛期，洪涝风险高。

幼果期如出现天气干旱、气温高且持续时间超7天以上，会影响植株根系生长及对肥水的吸收，从而影响果实生长，导致不同程度的落果。而发生洪涝灾害对果树的影响更为严重，导致根系受损，植株呼吸作用受阻，造成大树枝条卷缩，落叶、落果严重，幼树树苗干枯甚至死亡。

二、管理要点

（一）防落果和保果

为有效防止生理落果，可对树体弱、花少或酸橘砧木树施用保果药剂防落果（赤霉素＋芸薹素内酯）。

（二）促春梢老熟

可施用海藻肥强壮春梢，加快春梢老熟，避免过度生长消耗树体营养。

（三）控夏梢

抹除早夏梢，避免过度营养消耗，同时降低其与果实的营养竞争。也可在果树夏梢冒芽时，适度喷施控梢药剂（氟节胺）抑制夏梢萌发，使树体供给幼果更多的养分，保果及促进幼果迅速膨大。

（四）病虫害防治

主要防治褐斑病、溃疡病、炭疽病、红蜘蛛，严重时5～10天施用1次，雨前或雨后用药，其中重点防治褐斑病和溃疡病。

防治褐斑病药剂选择：代森锰锌/吡唑醚菌酯＋咪鲜胺/苯醚甲环唑/戊唑醇＋亚磷酸钾/海藻肥＋乙唑螨腈/阿维菌素。

防治溃疡病药剂选择：亚磷酸钾/矿物油＋硫酸铜钙/氢氧化铜（发病严重时）。

柑橘溃疡病是国内外的植物检疫对象，病原菌属于细菌，该病主要危害柑橘叶片、枝梢和果实，尤以苗木和幼树受害特别严重。橙类、橘橙类品种相对易感。发病严重时会造成落叶和枯梢，严重影响树势，甚至导致落果，带有病疤果实不耐贮藏，极大降低商品价值。

6月（节气：芒种、夏至）
树体生育期：夏季膨果期

农 事 重 点

除杂草　　　　　　　　　疏　果　　　　　　　　防治斜纹夜蛾

一、气候

气温升高快，开始出现汛期，注意防洪。

果实快速膨大期对水肥需求量大，长时间干旱会严重影响果实正常膨大。亦需避免果园土壤因强降水而产生积水和过度潮湿，影响植株根系正常呼吸作用而抑制生长，进而影响肥料吸收，导致柑橘树体营养不足。

二、管理要点

（一）控梢

可连续喷施2次控梢药剂（氟节胺），间隔20～25天，有效控制夏梢萌发、保果及促进幼果迅速膨大。

（二）疏果

疏除病虫果、畸形果、小果，避免无谓的营养竞争与消耗。

（三）除草

温、湿度升高后果园杂草生长快，需及时喷施除草剂防治恶性杂草或用割草机全面清除过高杂草。根据果园杂草发生情况选择除草药剂配方。

药剂选择：草甘膦（阔叶草多）/草铵膦（尖叶草多）＋烯草酮（抗性尖叶草多）。

（四）施用膨果肥

视挂果量每棵施用50～100克纯硫酸钾，适量加入少量中微量元素肥，干旱时可喷施。

（五）病虫害防治

注意防治炭疽病、溃疡病、锈蜘蛛、斜纹夜蛾等，严重时可间隔5～10天补喷1次，晴天喷施。

药剂选择：代森锰锌/吡唑醚菌酯＋咪鲜胺/苯醚甲环唑/戊唑醇＋虱螨脲＋联苯菊酯·啶虫脒＋钙肥。

溃疡病高发期，发生严重果园可每7～10天喷施1次药剂。

防治溃疡病药剂选择：亚磷酸钾/矿物油＋硫酸铜钙（发病严重时）。

7月（节气：小暑、大暑）
树体生育期：夏梢期

农事重点

防锈蜘蛛

防裂果

防积水

一、气候

全年最热月份，暴雨多，经常出现高温干旱或暴雨台风等极端气候。
旱涝急转天气对果树生长影响较大，过度的干旱致使夏梢抽梢不正常，同时果实膨大缺乏水分。而急剧的旱涝转变，使果园土壤水分发生急剧变化，树体吸收水分过快过多，果实膨压造成果皮开裂，产生严重裂果落果。

二、管理要点

（一）防洪抗旱

7月暴雨与高温干旱多相继出现，应做好防洪抗旱准备工作，检查果园灌溉系统并疏通果园排水系统，暴雨时及时检查排涝，持续干旱时做好降温和灌水工作。

（二）防裂果

喷施钙肥增强果皮韧性，保持合理土壤湿度，降低大量裂果的发生。

（三）疏果

疏除病虫果、畸形果、小果、垂地果、内膛果，根据树龄、树势、肥水供应情况留适当的果，提高商品果率。

参考挂果量：三年树龄、树势较强壮、肥水供应良好的果园，单株可试挂果15千克，按照后期4个果（果径6厘米以上）500克，加后期损失（约30个），则单株果树首年试挂果留果量大概控制在150个果左右。

（四）病虫害防治

主要防治溃疡病、褐斑病、锈蜘蛛、木虱、蚜虫等。

药剂选择：代森锰锌/吡唑醚菌酯＋咪鲜胺/苯醚甲环唑/戊唑醇＋虱螨脲＋阿维菌素＋钙肥。

防治溃疡病药剂选择：亚磷酸钾/矿物油＋硫酸铜钙/氢氧化铜（发病严重时）。

8月（节气：立秋、处暑）

树体生育期：果实膨大期

修剪控形　　　　　　　防治潜叶蛾　　　　　　　除杂草

农 事 重 点

果径：＞30厘米。

一、气候

气温继续升高，台风次数多，极端气候风险继续存在。
注意旱涝急转对果实膨大的危害。

二、管理要点

（一）修剪疏果

8月初开始进行修剪，对树体中下部均匀开剪口，小树15～20口/棵，大树30～40口/棵，挂果多的枝条及下午正对阳光枝条的顶果还有被暴晒的果均可适当疏掉。

（二）留草保湿

即将进入高温旱季，可提前撒播浅生草种降温保湿。若果园杂草过高，可人工割草留草头和覆盖树盘保湿。同时，园区减少日灼及预防裂果发生。

（三）埋秋肥

每株果树埋施2.5～5.0千克有机肥＋250～500克高钾复合肥，保证果实膨大期的营养需求，并促进新根生长。

（四）促秋梢整齐抽发

结合秋肥施用，可在秋梢发生前7～10天淋施含腐殖酸大量元素水溶肥，使树体养分充足，促进根系生长，促进树体秋梢整齐抽发。

（五）病虫害防治

喷施药剂防治潜叶蛾、木虱、蚜虫、炭疽病等。

药剂选择：代森锰锌/吡唑醚菌酯＋咪鲜胺/苯醚甲环唑/戊唑醇＋高氯·噻虫嗪＋钙肥。

9月（节气：白露、秋分）
树体生育期：秋梢抽发期、果实膨大期

农 事 重 点

肥水管理 　　　　　　　　　防黄蒂落果

果径：＞4厘米。

一、气候

月平均气温开始下降，进入秋旱时节。

极度干旱导致树体无法进行正常的生长，果实快速膨大受阻。同时，缺乏正常生长所需的水分导致树体根系无法正常吸收肥力，果实因营养需求得不到满足而导致大量落果。

二、管理要点

（一）防旱

若连续5～7天晴天（未下雨），可淋施含腐殖酸、高钾水溶肥、花生麸，肥水管理同步进行，可加快果实膨大、提高果实品质。

（二）抹梢

及时抹除过多的秋梢，每条枝可留2～3条整齐强壮新梢，抹除霸王枝（徒长枝）。

（三）预防黄蒂落果

控制夏梢抽发数量，使树体养分供应充足，做好果园排水防旱工作，使根系生长良好，预防褐斑病、炭疽病，防落果。

（四）施膨果肥

按挂果量施用高钾复合肥250～500克/棵，提供充足的养分，促进果实膨大。

（五）促新梢强壮、整齐生长

喷施海藻肥，促进秋梢新梢强壮、整齐生长。

（六）病虫害防治

注意防治褐斑病、炭疽病、红蜘蛛、木虱、蚜虫、潜叶蛾，15天左右施用1次。

药剂推荐：代森锰锌/吡唑醚菌酯＋咪鲜胺/苯醚甲环唑/戊唑醇＋钙肥＋联苯肼酯·螺螨酯＋氯氰·吡虫啉。

10月（节气：寒露、霜降）
树体生育期：秋梢老熟、果实膨大期

农 事 重 点

果径：＞5厘米。

一、气候

气候渐凉，进入秋旱，出现寒露风。

持续干旱天气出现，导致果树树体及果实生长停滞。

干旱高温天气后出现秋雨降温天气，可能会因为气温的突然升降而出现裂果现象。

二、管理要点

（一）防旱促根膨果

若连续5 ~ 7天晴天（无雨），则继续淋水防旱。

可结合补充水分添加含腐殖酸高钾水溶肥、花生麸，促新根、提高果实品质。有条件的果园可建设水肥一体化设施，以保证果树正常的肥水需求。

（二）抹梢撑果

抹除果园中的霸王枝，高产果树做好撑果工作，避免断枝和大量倒伏地面。

（三）施膨果肥

月初若果实普遍偏小，可施用硫酸钾，三年以上树龄150 ~ 250克/棵。

（四）促秋梢老熟

若秋梢老熟转绿较慢，可喷施海藻肥＋速效铁。

（五）促果面光滑

对11月销售青果的果园，可在采果前25天左右喷施高含量吡唑醚菌酯或嘧菌酯，既可预防褐斑病、炭疽病等病害，又可提高果面光泽度。

（六）控冬梢、促花芽

可喷施多效唑＋磷酸氢二钾抑制冬梢抽出、促进花芽分化。

（七）病虫害防治

注意据果园实际情况及时防治红蜘蛛、褐斑病、炭疽病、疫菌褐腐病。

药剂选择：甲霜·锰锌＋咪鲜胺／苯醚甲环唑＋海藻肥＋氟氯氰菊酯＋乙唑螨腈。

11月（节气：立冬、小雪）

树体生育期：果实转色期

农事重点

| 喷药前 | 喷药50天后 | 小实蝇危害状 |

喷施吡唑醚菌酯＋磷酸二氢钾促着色

果径：5.5 ～ 6.0厘米。

一、气候

后期气温明显下降，寒潮开始。

持续干旱天气会导致果实正常发育的肥水需求受阻，从而影响果实品质。

二、管理要点

（一）果园防旱

若连续5 ～ 7天晴天（无雨），则需淋水防旱。果实采前10天不淋水，以免采后容易腐烂。

（二）采果

果实采收尽量选晴天，如无特殊需要一般不带果柄和叶子。采收时尽可能轻巧，减少果皮破损导致贮运时微生物感染而发生腐烂的概率。

（三）促着色增甜

销售成熟果的果园，为促进果实着色，可通过喷施高含量吡唑醚菌酯＋磷酸二氢钾来提高果实色泽、增加甜度、提高光滑度等，20天左右喷施1次。

（四）果实蝇防治

视果园位置以及果实蝇发生情况先全园喷施 1 ~ 2 次果实蝇药剂，再挂粘虫板、引诱球等。

（五）病虫害防治

注意综合防治炭疽病等病害，并通过诱（杀）虫灯、诱虫板、诱杀剂等物理、化学方法综合防治果实蝇等虫害。

推荐药剂：吡唑醚菌酯＋联苯菊酯·啶虫脒＋磷酸二氢钾。

12月（节气：大雪、冬至）
树体生育期：果实采收期

防霜冻　　　　　　　　　采果　　　　　　　　　恢复树势

农 事 重 点

果径：＞6厘米。

一、气候

气温急剧下降，甚至出现霜冻。

极度干旱天气可能会导致果实含水量不足，果肉干瘪。气温急剧下降的霜冻天气会对柑橘树体乃至果实产生不同程度的冷冻伤害。

二、管理要点

（一）防霜冻

可选择喷施植物保护液＋多肽/海藻酸叶面肥防低温，温度更低时可提前覆盖白色薄膜。也可以提前在果园内准备大量的湿柴草，在霜冻出现时进行烟雾保护，可起到一定的防霜冻的效果。干燥天气应注意预防火灾。

（二）留树保鲜

计划较晚时间采果的果园，可喷施2,4-滴＋咪鲜胺＋多肽＋钙肥，留树保鲜。

（三）采果

选晴天（忌雨天）采果，有条件的可分批采果。并可在采果时进行初步分级处理。

（四）恢复树势

采果后可喷施多肽快速恢复树势，采前或采后7天淋施含腐殖酸大量元素水溶肥，但用量不宜过多，并需保持土壤适度干旱，防止抽发冬梢。

第二节
幼树管理月历

1～2月（节气：小寒、大寒、立春、雨水）
树体生育期：休眠期、花芽分化期

一、气候

全年最冷月份，经常出现低温霜冻、阴雨大风天气。

二、管理步骤

（一）清园修剪

1. 修剪。剪除内膛枝、枯枝、病虫枝、细弱枝（＜5厘米）、脚枝。修剪外围枝：对＞15厘米的长枝可剪掉比较密的几片叶，对＞30厘米的过长枝条据树形留25厘米左右。
2. 清园。挖除病树，将剪除的枝叶等清出果园烧毁。

（二）施用基肥

气温低于12℃时施用腐熟的有机肥5～10千克/棵＋平衡型复合肥100～200克/棵。

（三）喷药

喷施药剂重点降低红蜘蛛、木虱虫口数及病原基数。用药同结果树管理。

3月（节气：惊蛰、春分）
树体生育期：春梢抽发期

一、气候

气温回升，经常出现低温阴雨天气或春旱。

二、管理步骤

（一）果园排水

幼树更不耐积水，规划好果园排水系统。

（二）采取简易修剪法修剪幼树

1. 抹梢。抹除过多的新梢，一条枝条上留2～3条均匀强壮的新梢。
2. 摘心。对过长的新梢（>30厘米）可采取摘心加快老熟。
3. 塑造树形。主干上留3～4条主枝，每条主枝分布均匀。可采取拉枝使主枝分布均匀；对一边枝条少的幼树，可在缺漏处树枝上选适当位置用小刀刻伤，促进刻伤处下方萌发新梢，补充主枝。

（三）施用壮春梢肥

施用含腐殖酸高氮水溶肥，15～20天后再施1次，强壮春梢。

（四）果园除草

清除果盘处杂草，管理同结果树。

（五）喷药防病虫

整体管理同结果树，但幼树枝叶更嫩，防治管理需更细致，时间可提前，依据病虫害发生情况适当加减喷药次数。

4月（节气：清明、谷雨）
树体生育期：春梢老熟期

一、气候

气温继续回升。

二、管理步骤

（一）果园排水

4月雨水较多，继续疏通果园排水系统，避免长时间积水。

（二）抹芽摘花

抹除主干上的不定芽，摘除花朵。

（三）促春梢老熟

对未老熟的春梢可喷施海藻肥/多肽＋速效铁促老熟。

（四）病虫害防治

病虫害高发期及时喷施药剂防治病虫害，药剂施用可略低于结果树，整体管理同结果树。

5月（节气：立夏、小满）
树体生育期：早夏梢抽发期

一、气候

气温升高快，开始出现汛期，注意防洪。

二、管理步骤

（一）采取简易修剪法修剪幼树

抹梢、摘心、塑造树形同3月幼树的修剪法。

霸王枝处置：基本上可直接抹除；需要霸王枝的可在其30厘米左右时采取摘心、短截方式，加快其老熟，并抹掉后面霸王枝上长出的多余新梢。

（二）施肥促早夏梢

施用含腐殖酸高氮水溶肥促夏梢抽发，15～20天后施1次含腐殖酸平衡型水溶肥，促夏梢强壮与树冠形成。

（三）病虫害防治

病虫害防治基本同结果树，可加多肽促进细嫩枝叶老熟。

药剂选择：代森锰锌/吡唑醚菌酯＋咪鲜胺/苯醚甲环唑＋春雷霉素＋乙唑螨腈＋阿维菌素＋多肽。

细嫩枝叶易发溃疡病，注意雨水高发期的防控，发生严重果园7～10天喷施1次药剂。

防治溃疡病药剂选择：亚磷酸钾／矿物油＋硫酸铜钙／氢氧化铜（发病严重时）。

6月（节气：芒种、夏至）
树体生育期：早夏梢老熟期

一、气候

气温升高快，开始出现汛期，注意防洪。

二、管理步骤

（一）除草

树根周围可直接割除，果园喷施除草剂防治杂草，根据果园杂草发生情况选择除草剂配方。

药剂选择：草甘膦（阔叶草多）／草铵膦（尖叶草多）＋烯草酮（抗性尖叶草多）。

（二）促早夏梢老熟

对未老熟的早夏梢可喷施海藻肥／多肽＋速效铁促老熟。

（三）施肥促迟夏梢抽发及根系生长

施用含腐殖酸高氮水溶肥促迟夏梢抽发。

（四）病虫害防治

注意防治炭疽病、溃疡病、锈蜘蛛、斜纹夜蛾等，整体管理同结果树。

7月（节气：小暑、大暑）
树体生育期：迟夏梢抽发期

一、气候

全年最热月份，暴雨多。

二、管理步骤

（一）防洪抗旱

幼小树体抗涝能力较差，注意防洪水冲翻，需及时处理裸露的根系，固定植株。旱期多次喷水或浇水，促进土壤湿润。

（二）采取简易修剪法修剪幼树

同5月幼树的修剪法。

（三）施肥壮秋梢

施用含腐殖酸平衡型水溶肥强壮迟夏梢，以抽发健壮秋梢。

（四）病虫害防治

主要病虫害防治同结果树，可适当减少钙肥的施用。

8月（节气：立秋、处暑）
树体生育期：迟夏梢老熟期

一、气候

气温继续升高，台风次数多。

二、管理步骤

（一）留草保湿

即将进入旱季，果园可留草保湿，若果园草过高，可人工割草留草头和覆盖树根保湿。

（二）促迟夏梢老熟

对未老熟的迟夏梢可喷施海藻肥/多肽＋速效铁促老熟。

（三）施肥促新根生长及秋梢抽发

埋施2.5～5.0千克/棵有机肥＋50～100克/棵高氮复合肥促新根生长及秋梢抽发。

（四）病虫害防治

喷施药剂防治潜叶蛾、木虱、蚜虫、炭疽病、褐斑病等，基本同结果树，可额外适当加施钙肥或减量伴随施用。

9月（节气：白露、秋分）
树体生育期：秋梢抽发期

一、气候

月平均气温开始下降，进入秋旱。

二、管理步骤

（一）防旱

注意防秋旱，若连续5天晴天（未下雨），注意及时淋水，避免因水分不足而导致树体无法吸收养分，可添加含腐殖酸高氮水溶肥，水肥同步管理。

（二）采取简易修剪法修剪幼树

同3月的幼树修剪法。

（三）促梢

可喷施海藻肥，同步水肥管理，促进新梢多发与强壮。

（四）病虫害防治

病虫害防治同结果树。

10月（节气：寒露、霜降）
树体生育期：秋梢老熟期

一、气候

气候渐凉，进入秋旱，出现寒露风。

二、管理步骤

（一）防旱

若连续5天晴天（无雨），则继续淋水防旱。可添加含腐殖酸平衡型水溶肥，水肥同步管理，以强壮秋梢、促新根生长。

（二）施肥

促梢肥施用15～20天后可施用含腐殖酸平衡型水溶肥，强壮秋梢。

（三）病虫害防治

病虫害防治同结果树。

11月（节气：立冬、小雪）
树体生育期：花芽分化期

一、气候

气温下降，易发寒潮。

二、管理步骤

（一）防旱

若5天左右干旱（无雨），可继续淋水防旱。

（二）幼树去花芽

11月中旬喷施200毫克/升赤霉素（GA$_3$）＋0.5％（质量浓度）尿素或高氮叶面肥1次，抑制花芽分化，促进叶芽的形成和春梢营养枝抽发。

12月（节气：大雪、冬至）
树体生育期：休眠期

一、气候

气温下降至霜冻出现。

二、管理步骤

（一）幼树去花芽

12月中旬再次喷施200毫克/升赤霉素（GA$_3$）＋0.5％（质量浓度）尿素或高氮叶面肥1次，抑制花芽分化，促进叶芽的形成和春梢营养枝抽发。

（二）防霜冻

可选择喷施多肽/海藻酸＋植物保护液防低温，减小低温对幼树的伤害。

第二章

各生育期痛点难点
问题及解决方案

第一节

春梢萌发期

一、春季新梢卷叶

（一）发生规律及因素

（1）早春倒春寒，低温冻害。

（2）冬季树体营养消耗大，早春根系生长较弱，导致新梢卷叶。

（3）蚜虫危害。

（二）田间症状

新梢叶片反卷

（三）叶片扭曲原因分析

1. 花芽分化及营养消耗。柑橘植株花芽分化时间多为每年的9月至次年1月（即秋季至来年春季），先后进行了生理分化、形态分化直至形成花蕾开花，称为花的诱导、启动与形成。树体的碳氮比、各种激素含量及比例等决定花芽分化诱导与启动是否成功，而花形成期树体营养供应情况影响花的质量。

大部分柑橘树正常情况下树势逐年壮旺，生理分化正常，会形成更多的新梢和多发花芽，故在其形态分化期需消耗较多的氮、硼、磷、锌、镁等元素，如果出现暖冬气候，温度偏高，果树未能正常进入休眠期，则会出现冬梢萌发的现象，消耗更多的养分。若果园未施冬肥、断根不当、果园干旱缺水等，将会导致树体出现明显的缺乏氮、硼、磷、锌、镁等元素症状，导致新梢叶片小、薄而扭曲。

2.气候影响。早春天气变化剧烈，低温、高温间断出现，加上阴雨持续，导致田间积水较多，极大地影响了树体根系生长及养分吸收，并使叶片光合作用受到明显影响。

低温冷害导致叶片反卷，叶尖枯死

（四）防治步骤及方法

1.冬季恢复树势。挂果树采果后喷施多肽叶面肥，采后7天淋施含腐殖酸高钾水溶肥，促进树势恢复。冬肥施用足量有机肥，保证树体基本营养需求。

2.早春促根。新梢萌芽前，根据树龄于小雨前后撒施20～30克尿素＋30～50克平衡型复合肥快速补充营养，配合淋施含腐殖酸、氨基酸、沤制花生麸水等水溶肥促进根系生长，提高根系活力。

3.施用促花促梢肥。新梢现花蕾时，施用20～30克/棵高氮、磷钾复合肥，小雨前后撒施或挖穴施用。亦可叶面喷施硼氮磷锌镁等多元素肥＋多肽/海藻酸肥，提高肥力吸收与利用。冬季施用有机肥时拌入硼锌镁等元素，保证春、夏季树体基本营养需求，预防新梢卷叶再次出现。

4.早春防寒。预防倒春寒可叶面喷施多肽/海藻素＋硼钙镁等元素肥。

5.果园环境。果园挖沟排除积水，改善根系生长环境，避免过度潮湿。

6.蚜虫防治。叶面喷施高氯·噻虫嗪/高氯·吡虫啉等。

二、春梢萌发期树体快速黄化

（一）田间症状及问题呈现

2月初，大部分果园经常出现树体或枝梢快速黄化现象。

春梢萌发前老叶黄化

（二）黄化原因分析

1. 根系与新梢营养竞争致使营养供应不足。柑橘根系大多在13℃以上开始活动。23 ~ 31℃时，根系生长迅速，养分吸收快，地上部生长旺盛。华南地区柑橘根系一般有4个生长高峰，分别为春梢抽梢期前、夏梢抽梢期前、秋梢抽梢期前以及秋梢老熟后。

近年来，极端气候现象频发，冬天易出现暖冬现象。若平均气温长期在15℃以上，柑橘根系仍保持活跃状态，则会大量萌发冬梢，树体养分大量消耗，若后续养分供应不及时，必将出现树叶黄化现象。

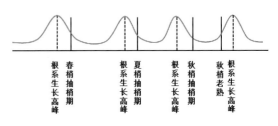

华南地区柑橘根系生长规律

2月正值柑橘春梢抽发前，若气温过高，过早抽发春梢，则树体短时间内需供应大量养分，许多果树养分积累不够，新梢抽取老叶养分供应，导致老叶黄化。

2. 未施冬肥或施肥不足导致树体营养需求不能被满足。初春柑橘根系生长旺盛，许多果园未施用冬肥或早春补施促根促梢肥不及时，导致柑橘树体营养不足，树势延迟恢复。

及时施肥，树体长势壮旺

3. 挖沟时根系受损过度影响营养吸收。前一年冬季果园挖沟施肥时，若开沟位置离柑橘树体根部过近或开沟面积过大甚至是进行全面的翻耕，导致大量根系受损，从而致使天气回暖后树体无法正常吸收营养，紧接着树体的旺盛生长会导致果树整体营养供应不足，从而出现明显的黄化现象。

4. 根系通气情况不良抑制根系生长发育。

（1）雨水多，根系通气情况不良。柑橘根系正常生长的土壤含氧量至少为3%～4%，氧气含量低于2%时，根系生长受到抑制甚至死亡；柑橘根系适宜生长的土壤持水量在60%～80%，若土壤持水量低于40%，根系生长会受到影响，导致衰老加速甚至死亡。春季雨水充足，持续的雨水天气致使柑橘根系周边土壤持水量过大、土壤含氧量过低，根系通气情况不良而明显抑制根系生长，树体生长也会受到严重的影响。

（2）水田黏性土质，根系通气情况不良。很多果园由水稻田改种而来，土壤黏度大，如未进行有效的改土，土壤通气性相对较差。若1～2月降水量少，土壤持水量太少，根系生长尤其是营养吸收会受抑制，地上部分营养供应不足则会造成树体营养失衡，叶片出现黄化现象。而雨水天气，黏性土壤排水性能差，持水性强，导致土壤持续保持较高的持水量，过度的黏湿导致土壤透气性差致使根系通气情况极差，影响树体的正常营养吸收与新梢萌发生长。因此，水田建园需要进行合理科学规划，做好排灌水系统建设，配套相应的设施，确保果园良好的肥水管理。

土壤黏重，透气性差导致黄化落叶

积水果园　　　　　　　　　　排灌方便的果园

（三）改善措施

1.补施速效春梢肥。

（1）幼树。小雨前后根施20～30克复合肥加10克尿素，可配合喷施多肽叶面肥。

（2）结果树。小雨前后根施30～50克复合肥加30克尿素，配合喷施多肽叶面肥，有条件的可淋施含腐殖酸水溶肥。

2. 果园加强排水。果园挖深沟排水，降低地下水水位，预防后期多雨浸泡，影响根系生长，降低肥料吸收效率，防止柑橘树体出现缺肥症状。

3. 果园淋水。对土壤干旱或吸水性能较差的果园应及时灌水或淋水，增加土壤湿度，促进肥料吸收。

4. 多施有机肥。冬季果园务必多施有机肥，既可改良土壤质地，提高土壤养分含量，又可保证土壤肥力持久供应树体。

三、有梢无花、花量偏少、畸形花

（一）田间症状

春分时节，柑橘进入春梢期和花期，很多柑橘树出现有梢无花或者花量偏少现象，还有的出现畸形花。

花量少　　　　　　　　　　花量正常

（二）常见症状与原因分析及对策

1. 有梢无花，花量偏少。

（1）主要原因分析。①基本现象分析。部分年份花量偏少，一方面可能与当年的气候主要是气温和雨水两大因素有关，另一方面可能与果农的管理有关，如病虫危害、肥料施用、秋梢质量（秋梢放梢时期）、上一年挂果过多等。果农自己可以依据当年的天气变化判断，也可以依据自身果园管理过程进行回顾总结。②典型现象分析。如2015年秋梢期，华南地区柑橘园雨量偏多，土壤湿度大，导致花芽分化期柑橘未能得到其所需要的营养。丰产树秋梢的养分积累更会明显减少，若秋梢是在9月才抽出，其充实度未达到花芽分化的程度。正常的花芽分化需要足够积温和充分营养积累，其中营养积累与秋梢质量、土壤水分、人为的管理措施等有密切关系。如果促秋梢选用化学肥料或水溶性肥料为主，而长效性的基肥（有机质肥）缺乏，就缺少了秋梢生长、充实过程所需物质基础，影响秋梢的质量，树体养分积累受影响，花芽分化也同样受影响。

（2）对策。秋梢肥应包括秋梢前的有机质肥（沟施在柑橘根际，为整个秋梢生长、花芽分化过程提供物质的基础）、秋梢肥（促梢肥、壮梢肥）和叶面肥。施肥要坚持沟施，施在果树根际，并一定要与泥土混合均匀，任何时候不可以把任何肥料随便撒在地表。只有沟施在根际，才能及时有效被果树吸收利用，避免大量肥料流失，才能达到树壮、花好、丰产、丰收，否则，"花而不实"（即花过多而营养供应不足，结实不理想）。总之，花量偏少是多种因素造成，要具体分析才能找到真正答案。当然，花量偏少也不一定都是坏事，有的果园看似花少，其实花量足够。花壮才能使坐果率提高，并能保证正常挂果，形成大果，俗称"半树花，一树果"。早春雨水多，天气变化多端，严重影响开花授粉质量，对产量有较大的威胁。可以使用海藻酸或多肽类叶面肥＋硼肥＋吡唑醚菌酯喷雾，起到促花壮花的效果，同时培育健壮春梢，为果实提供充足营养奠定基础。

2. 畸形花（露柱花）。

（1）主要原因分析。基本现象分析。柑橘出现畸形花，比如露柱花（花瓣短缩、柱头外露）、裂瓣花（花瓣包裹不全，花蕾开裂状）、雄蕊退化花（雄蕊退化成花瓣或发育不全）和雌蕊退化花（雌蕊发育不良或未发育）等，多是因为在花蕾发育期间植株营养生长不良，树势衰弱，花量过多而养分供应不足，或遭受低温寒潮、干旱等影响，遂有部分花器发育不全或花形变劣等。

露柱畸形花

（2）对策。农事操作建议。建议加强管理，在花芽分化期和花蕾发育期注意营养问题，补充含硼等中微量元素叶面肥，同时注意天气变化。

四、春梢、秋梢蓟马防治

（一）症状

蓟马危害幼果后，受害处产生银白色或灰白色的大疤痕，疤痕上的覆盖物可刮掉。嫩叶受害后，叶片变薄，中脉两侧出现灰白色或灰褐色条斑，表皮呈灰褐色，受害严重时叶片扭曲变形，生长势衰弱。蓟马危害后的花皮果价低，严重影响种植效益。

春梢蓟马危害状

果实蓟马危害状

花上的蓟马

叶上蓟马

（二）防治策略

1. 彻底清园。冬季及开春清园期进行2次彻底清园。

（1）操作要点。蓟马主要在土壤中越冬，而不是在柑橘树上，因此清园期对土壤中越冬的蓟马进行一次大清除，彻底消灭蓟马卵、虫，避免其发生危害时难以防治。

（2）推荐用药方案。用高效氟氯氰菊酯或吡虫啉对树干以及土壤进行喷施。

2. 春梢萌发期药剂控制。春梢萌发1～2厘米即进行药剂防控，此为极为重要的防控措施之一。

（1）操作要点。蓟马成虫主要产卵于柑橘的花瓣、萼片和幼果等位置，若虫孵化后在幼果萼片下取食。蓟马具有趋嫩性，喜好嫩枝和幼果，防治重点在此，但春梢期（3～6月）嫩梢不宜用高毒的药剂，宜加有内渗性的杀虫剂。

（2）推荐用药方案。药剂用高氯·噻虫嗪/高氯·吡虫啉＋有机硅。

羽化后的蓟马成虫具有喜嫩绿、趋糖等习性，且特别活跃，行动敏捷，因此建议添加有机硅助剂，以增强防治效果。

3. 谢花期药剂控制。谢花2/3时期对果实外观商品性形成非常重要，此时果实的果皮仍未转绿，蓟马很容易锉吸果皮的幼嫩组织，必须对其进行防控。

五、无病健壮柑橘苗选购

（一）新园种植面临难题

前些年，柑橘种植效益高于其他农作物，导致许多人跨行业或由其他作物改种柑橘。大家面临的第一个问题可能是"如何购买到不带病的健壮柑橘苗"，对柑橘种植新手来说，选购到无病健壮柑橘苗是柑橘种植成功的关键一步。

（二）具体问题

如何鉴别种苗是否为脱毒苗？如何确保苗木的质量？

因苗木带病，种植2～3年后部分树开始显现黄龙病，只能挖除

（三）对策

可以从以下4个方面入手，确保筛选到无病健壮柑橘苗。

1. 看柑橘苗场所。柑橘苗木场主要有露天苗木场和大棚网室苗木场。

露天苗木场　　　　　　　　大棚网室苗木场

（1）露天苗木场。露天苗木场主要依靠周围的树木、山丘等来阻隔病害

传播，在露天苗木场选苗时可以查看周围的树木、山丘隔离情况，以及苗木场2千米内有无种植柑橘。

（2）大棚网室苗木场。因柑橘病害的传播主要依靠风雨、昆虫，有效的阻隔措施可以降低柑橘苗和柑橘树感染病毒的概率。大棚网室苗木场安装有防虫纱网等阻隔昆虫，可以查看大棚有无控水措施以及与外界的分隔有效度，主要看棚顶有无塑料膜阻隔雨水、棚内有无洒水设备、网室外的分隔条件是否有效、是否常年处于密封隔离状态等。

2.看母本树。栽培用柑橘苗主要是嫁接苗，很少直接用实生苗。嫁接的芽带病与否是柑橘苗是否带病的关键，从苗木无法准确判断是否带病，更有甚者还会李代桃僵，这时可以看苗木场母本树的情况。

（1）有无无毒采穗圃。查看有无无毒采穗母本树，明确接穗的来源，以此也可以判断是否是需要的品种。

（2）母本树生长情况。母本树已生长几年甚至更长时间，果树若带病则会表现出来，充足的无病健壮的母本树的接穗源可以极大地降低苗木带病的风险。

大棚网室内采穗用的健壮的母本树

3.看黄龙病检验检疫报告。正规的苗木场每年必须随机挑选样本送到权威的第三方检测机构进行黄龙病、溃疡病等检疫性病害检测，购苗时查看有无检测报告及检测报告的检测结果、检测时间也是降低苗木带病风险的有效途径。

4.看柑橘苗长势。柑橘苗长势强壮、根系发达，则移栽后更易恢复生长，且生长均匀更易于大面积管理。

柑橘苗木有营养杯苗（即容器苗）以

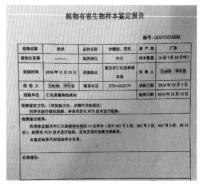

第三方检验检疫报告

及裸根苗，裸根苗又称地苗，挖苗时会损伤苗木根系，移栽后其恢复生长时间较长，长距离运输时还要进行剪枝、修根、打泥浆等，但其长距离运输成本较低。

裸根苗（地苗）　　　　　　　　　　裸根苗的根系

营养杯苗根系会更发达，移栽时不损伤根系，移栽后更快地恢复生长，但其长距离运输成本会较高。

营养杯苗　　　　　　　　　　营养杯苗发达根系

通过以上"四看"（柑橘苗场所、母本树、黄龙病检验检疫报告、柑橘苗长势）可以较大程度确保柑橘苗的质量，为后续高质量优质生产奠定基础。

六、畸形花、畸形果

（一）发生原因

（1）花芽分化不良。

（2）早春低温冻害。

（3）树势衰弱，春梢质量差。

（4）树体钙镁硼等元素缺失，花器官发育不良。

（5）花蕾蛆危害。

（二）田间症状

畸形花

 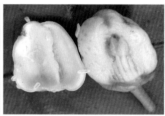

花蕾蛆危害致畸形花

（三）防治步骤及方法

1. 培育强壮的秋梢。秋肥可施用有机质含量较高、活菌含量较高的有机肥作为基肥。出梢前7～10天，施用含花生麸水或腐殖酸大量元素水溶肥，促进新梢萌发。

2. 控制冬梢萌发。秋梢老熟期，用25%多效唑400倍液＋磷酸二氢钾750倍液喷雾，根据降雨天气每15～20天喷施1次，连续喷施2～3次，可有效控制冬梢萌发，避免过早消耗树体营养从而影响春梢萌发。

3. 促进花芽分化。秋梢老熟后，用细胞分裂素＋高磷高钾肥＋硼肥喷雾，15～20天喷施1次，连续喷施2次，可有效促进花芽分化。

4. 早春防冻。预防倒春寒，叶面用多肽或海藻素＋中微量元素叶面肥喷雾，霜后可及时喷水或用风雾机吹风除霜。

5. 培育健壮的春梢。新梢萌芽前，施用腐殖酸＋海藻素淋根，提高根系活力。叶面用多肽或海藻素＋中微量元素叶面肥喷雾，增加营养供应，促春梢健壮萌发。

6. 花蕾蛆防治。花蕾期用高氯·噻虫嗪或高氯·吡虫啉喷雾防治，树冠整体与地面同喷，10～15天喷施1次，连续喷施2次。

七、柑橘幼苗高效移栽

（一）背景

近几年，柑橘种植收益显著，面积也逐渐扩大。新园建设往往多在以前种植香蕉、花生等经济作物的土地上，加之部分果园肥水、病虫草害等管理措施不当，导致根结线虫、蛴螬、根腐病等病虫害发生严重，而后续用药时多通过叶面喷施，药液难以对地下害虫形成有效的防治，导致新建果园土壤病虫害日趋严重。同时，许多果农为省时省力，柑橘幼苗种植时多不带土移栽，根系有不同程度受损，导致幼树树势恢复慢，抗逆性减弱，影响果树后续生长与管理。

（二）用种衣剂对柑橘幼苗进行蘸根或灌根，减少苗期病虫害发生

很多经济作物在大田播种时有拌种的措施，能有效地趋避和减少地下害虫危害，尤其是减少苗期病虫害的发生，增强幼苗的抗逆性，提高生长势。新种柑橘时，对柑橘根部可用种衣剂进行蘸根或灌根后栽培。

1.种子种衣剂构成成分。拌种基本原理是给种子增加一层防菌避虫的种衣剂，其中种衣剂可含有如下成分。

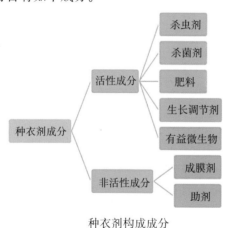

种衣剂构成成分

2.种衣剂成分对病虫害的防治作用。

种衣剂中杀虫剂成分对常见虫害的防治效果

杀虫成分	蚜虫	蓟马	飞虱	蛴螬	蝼蛄
吡虫啉	＋＋＋	＋	＋＋	＋＋	＋＋

（续）

杀虫成分	蚜虫	蓟马	飞虱	蛴螬	蝼蛄
噻虫嗪	＋＋	＋	＋＋	＋	＋＋
氟虫腈	－	＋＋	＋＋	＋＋	＋＋
吡虫啉＋氟虫腈	＋＋＋	＋＋＋	＋＋＋	＋＋＋	＋＋＋
毒死蜱	－	－	－	＋＋＋	＋＋
克百威				＋	＋

注："－"表示该成分对对应虫害无防治效果或效果不明显。"＋"表示该成分对对应虫害有防治效果或效果明显。

种衣剂中杀菌剂成分对常见病害的防治效果

杀菌成分	炭疽病	树脂板	疮痂病	脚腐病	流胶病
咯菌腈	－	－	－	＋＋	＋＋
嘧菌酯	＋	＋＋	＋＋	＋	＋
戊唑醇	＋	＋＋＋	＋	＋	＋
苯醚甲环唑	＋＋＋	＋＋	＋＋	＋	＋

注："－"表示该成分对对应病害无防治效果或效果不明显。"＋"表示该成分对对应病害有防治效果或效果明显。

3.作用机理。蘸根后，种衣剂在根部表面形成包衣膜，包衣膜含大量活性成分（杀菌剂、杀虫剂、肥料、生长调节剂、有益微生物），遇水吸胀后缓慢溶解，持效期可达40～60天。

（1）趋避地下害虫。种衣剂包在根系上形成药肥包衣膜，对根系起保护和屏障作用，其中的杀虫剂成分对地下害虫（蛴螬、地老虎等）有明显的驱避作用，缓慢释放后，也可对根际害虫有较好的防治作用。

（2）内吸传导预防地上部病害。种衣剂成分多采用具有内吸传导能力的杀虫剂、杀菌剂，因而能随着根系转运到植株的各部分，进而发挥全方位的防虫、防病作用。如其中含有的吡虫啉、噻虫嗪等成分，可从根系内吸传导至地上部，对地上部的蚜虫、木虱等害虫能够有效防治。

（3）促控根系生长，提高植株抗逆性。包衣膜内的激素、肥料等活性成分缓慢释放，可促进根系生长、增强植株抗逆性、增强树势。

（4）成分缓释，减少用药量。种衣剂所用成膜剂对农药分子及微量元素等有很好的亲和性。在土壤中，种衣将其所携带的各种药物及微量元素向根部缓慢释放，减少药物、元素流失，提高药肥的利用率，增加持效期（达40～60天），也可减少后续用药量，明显降低后续病虫害防治的人工成本。

八、丰产果园的建设规划

（一）背景

在柑橘种植主产区经常发现同一区域不同果园同时种植的柑橘，其树冠大小、树势、结果情况等有着明显的差距，如图示紧邻的两个果园，柑橘长势差别特别明显。

在进行了细致的了解询问后，发现这些生长旺盛、植株高大的果园十分注重果园排水与果园改土。

（二）柑橘根系分布特点及适宜生长条件

同为2015年2月种植的果园

紧邻的两个果园柑橘植株树势差别明显

1. 根系分布特点。柑橘根系分布可分为垂直根分布与水平根分布，如垂直根分布深，则吸收水分和肥料营养的能力强，树体向上生长动力大，树高大，抗逆性强；水平根分布广，则树体吸收面积大，树冠大，果实营养充足，产量高。在地表以下10 ～ 60厘米的土层分布着80%以上的柑橘根系。因而，地表以下60厘米土壤层的理化结构特点以及根际环境对果树生长发育尤为重要。

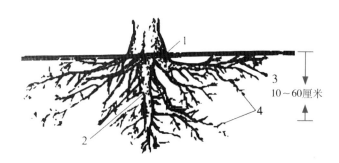

10～60厘米

柑橘根系示意图
1.根颈　2.主根　3.侧根　4.须根

2. 根系适宜生长条件。柑橘树最佳生长发育的土壤条件为：疏松透气性好，湿度60% ～ 80%，有机质含量至少2% ～ 3%，土壤温度23 ～ 31℃。在此土壤条件下，柑橘树根系可旺盛生长，形成发达的根系。

（三）生长欠佳柑橘园的基本现状与主要问题

1. 耕作层浅、有机质含量低。很多柑橘园由水稻、花生、香蕉等浅根作物园改种而来，耕作层30厘米左右，以下为硬土层。表面耕作层土壤多为黏土，易板结；而下层硬土层有机质含量极低，根系在硬土层生长缓慢。因而大多数水田种植的柑橘树垂直根浅，水平根分布不广，根系综合吸收水肥能力较差。

果园耕作层浅

2. 根系浅。很多果农为省时省工，施肥时大部分采取撒施而诱导根系上浮，使得根系受外界环境影响大。同时，化肥撒施因天气原因易导致浅层根系发生烧根，营养不能被正常吸收，引起叶片黄化。

3. 果园土壤湿度过大。很多水田地下水位高，加上南方上半年雨水偏多，而土壤保水性极强，如此时果园排水出现不畅，则极容易导致土壤湿度过大，不适于根系生长。若积水严重，会导致植株根系长期处于高湿度甚至近似于浸水状态，根系呼吸极不通畅，从而造成须根发生腐烂，新根更是难以生长。

复合肥在无雨天气撒施不溶解

根系上浮

（四）解决方案

1. 规划定植间距。建议行距4米，株距3.5米，每一行之间挖排水沟。

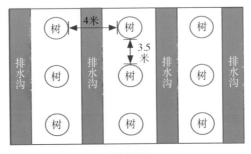

定植间距

2. 起垄（深沟高垄）。

（1）不打破硬土层。直接挖排水沟至硬土层，挖出的沟泥填到树垄上，使得垄高80～90厘米，其排水沟会较宽。

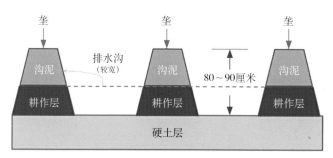

不打破硬土层的起垄方法

（2）打破硬土层。全园深翻，打破硬土层，再深挖排水沟，挖出的泥填到树垄上，使得垄高80～90厘米，其排水沟较窄，植树垄较宽，利于排水，垄宽方便机械化作业。

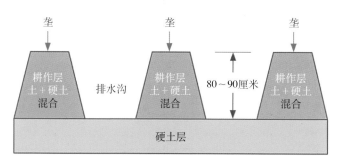

打破硬土层的起垄方法

3. 挖定植穴。按规划好的间距挖定植穴，穴深60～70厘米，穴底距排水沟底10～20厘米。

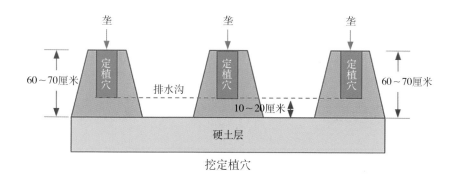

挖定植穴

4. 下足基肥。在定植穴里下足有机肥作基肥，每穴10～20千克，与泥土拌匀或拌入杂草，一并填入定植穴中。再回填10～15厘米的泥土，诱导主根向下生长，同时避免根系直接接触肥引起烧根。表层回填耕作熟土。营养杯大苗种植，可随种随回填。

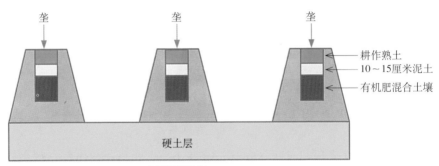

回填定植穴

5. 种树。果苗种植时可据树苗根系大小挖开定植穴表层土壤，于下午或阴天种植果苗。苗垂直放置，回填土略高嫁接口3～5厘米，忌盖没嫁接口进行种植，回填土后踏实根部土壤防倒伏。

在种植果苗前可对果苗进行适当的处理，如去除嫩枝叶、少量剪除过长的根系，可减少叶片水分蒸发，促进新根发生。干旱季节可对根部进行蘸裹黄泥浆后再定植。推荐营养杯大苗种植，全年均可种植，可快速缓苗成活。

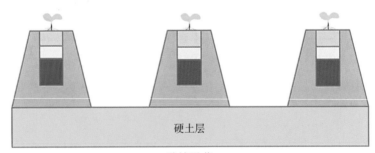

种植果苗

6. 追肥。柑橘苗种植成活后，可适时进行追肥，可用有机肥与复合肥结合施用。

有机肥：每年每株继续追施7.5～12.5千克有机肥（6月为2.5～5.0千克，12月至次年3月为5.0～7.5千克）。

复合肥：3～9月，每月每株每次施用50～100克高氮复合肥，一般在新梢萌发前后进行施用，以保证嫩梢的快速生长。

第二节
谢花保果期

一、控夏梢膨果

夏梢抽发与幼果生长

（一）冬肥施用

1. 冬肥施用应以有机肥为主。连年高产的柑橘园往往都重视有机肥的施用。在冬施中，通常有机肥占总投肥量的60%～80%为宜，每株成年树施腐熟的猪牛栏粪肥50～100千克，腐熟草皮土50～100千克。有机肥必须充分腐熟，尚未腐熟的有机肥在深埋后容易烧伤根系，腐熟的有机肥料也不宜过量，施肥过量易发生反渗透现象，引起柑橘园冬季枝叶干枯，造成落叶。

2. 氮磷钾肥合理搭配施用。每株成年结果树冬季施磷肥1.5千克、石灰1.5～2.0千克。也可以在施用作物秸秆肥、垃圾、塘泥等有机肥的同时，株施腐熟的豆饼1.5千克、橘饼1.5千克、磷肥1.5千克、尿素0.5千克、石灰1.5～2.0千克。

3. 因地制宜施用微肥。应根据土壤结构、肥瘦程度和施肥环境，补充柑橘所必需的各种微量元素肥料。红、黄壤土的山地柑橘园均呈酸性，有效性锌、锰、硼等元素含量较低；石灰性紫色土和沿海盐碱土柑橘园，有效性铁及锌、锰等元素含量较低；氮肥施用过量，也会引起锌等元素的缺乏。因此，应针对柑橘园的不同情况，在施冬肥时做到对症施用，以补充微量元素的不足。

4.采用正确的施肥方法。一般冬肥施用可采用两种方法：一是放射状沟施肥。依树冠大小、沿水平根生长的方向开放射状沟4～6条，沟底离主干近处较浅，向树冠投影延伸处较深。用此法肥料分布面较广，而且可以隔年更换施肥部位，扩大施肥面，促进根系吸收，尤其适宜成年柑橘园施用。二是沿树冠挖弧状或环状深沟，沟深达50厘米左右，沟宽视肥料多少而定。挖沟时表层土和底土要分开堆放。把腐熟的有机肥或微肥施入下层，氮素化肥放在上层。在平沟时先填入较肥沃的表层土，把底土填在表层。

（二）夏梢前期控肥

第2次生理落果一般都是从谢花20～25天开始出现不带柄脱落，也称为蜜盘落果或中期落果，这次落果主要是由果梢矛盾（即树势太旺，夏梢抽发过多）引起的生理落果。针对挂果量较少且夏梢易萌发的果园可喷施12.5%氟节胺500倍液，控制夏梢萌发。

（三）夏梢后期施用膨果肥

6～7月需要控梢保果（根据树势强弱而定）。长势过旺的树在施肥时把握"控氮增磷钾、补中微量元素"的原则。长势较弱的树可以适当增施一定量的全营养元素肥料，如有机肥、无机肥、中微量元素肥、微生物肥等。6～7月以叶面喷施营养元素为主，每15～20天喷1次叶面肥，适时补充钾、钙、镁、锌元素等，对保果、膨果和预防日后的生理性病害、抵御异常温度变化的逆境伤害都有很好的作用。

6月上中旬，视挂果量每株施用150～250克纯硫酸钾＋适量中微量元素肥，促进果实迅速膨大。

备注：进行人工抹梢的果园，切勿抹除全部夏梢，一条枝留下最弱的一条梢即可。

二、靠接技术

砧木不适、脚腐病、流胶病、黄化和自然灾害等因素均能够影响根系的吸收能力，进而影响柑橘的生长和产量。应用靠接技术可以较好解决这一问题。通过靠接可以挽救主干基部或

柑橘田间植株靠砧

根系受害的柑橘树，更换不适宜的砧木或增加辅助砧木，以增强原植株根系吸收能力。

（一）靠接时间

以4～6月为宜，此时树液流动性较强。

（二）干径选择

0.8～1.5厘米，根系良好的健壮苗。

（三）靠接

一般靠接3株。在距树干（被靠接树）基部20～40厘米土壤处分别挖3个小穴，将砧苗斜向主干放入穴内定植。在树干上选取砧苗靠接部位，用刀开1个长方形小口，深度达形成层，不伤及木质部（靠接部位低、角度小有利于靠接砧苗长粗）。然后用薄膜带（条）包扎保湿，并对新栽靠接砧苗浇足水，防止发生脚腐病、流胶病。

（四）靠接后管理

1.靠接后勤浇水、抹芽。

2.靠接后20～30天检查成活率：凡伤口愈合者为成活，未成活的可及时利用砧苗在主干原接口下方补接。

3.锄草、松土不碰撞靠接的砧苗，能避免接口移位，提高靠接成功率，同时，也利于根系生长和砧干增粗。

靠接后主干生长情况

备注：靠接的另一方法为不开小口，直接在主干上切倒T形，挑开皮层插入砧苗后用薄膜包扎。

三、多花多果与保花保果

花芽分化分两个阶段，第一阶段生理分化决定花、梢数量，第二阶段形态分化决定花、梢质量。若前一年下半年树势壮旺，会促使树体形成较多花芽和新梢，但因暖冬等因素使花、梢质量较差，导致今年春季畸形花、弱梢等过多，在此情况下今年的保花保果措施能否按照往年的方案开展？

畸形花

正常花

（一）营养分析

1. 落果原因分析。可见养分供应不足是导致生理落果及后期落果的共同原因。

	第1次生理落果	第2次生理落果	后期落果
落果原因	1.营养不足，春梢与花争夺营养。 2.花期发育不正常或受精不良。 3.低温、光照不足、雨水多	1.树体营养与果实营养冲突。 2.激素失调。 3.高温、光照不足、雨水多	1.新梢与果争夺营养。 2.雨水多，沤根。 3.炭疽病、红蜘蛛、脐黄病、日灼、裂果等

2. 梢、果养分来源及主要影响因素。

养分来源	主要影响因素
树体已有	树体储存养分的多与少
光合作用	1.老叶数量及叶面浓绿度。 2.新梢老熟速度。 3.光照、温度、湿度等

（续）

养分来源	主要影响因素
根系吸收	1.土壤疏松度、湿度、温度、氧气含量。 2.土壤养分浓度。 3.根系分布宽度、深度。 4.菌根数量
叶面喷施	1.叶龄（幼叶吸收快、速率高）及面积。 2.喷施成分、浓度、次数。 3.主要喷施位置（叶背吸收快、速率高）

（二）暖冬危害及次年春天树体情况

1.暖冬危害。

（1）暖冬根系未休眠，消耗更多的树体养分。

（2）部分果园未施冬肥或因干旱导致树体吸收不了养分，树体养分储备少。

（3）果园未清园或清园不彻底，使得红蜘蛛暴发。

（4）土温较高，根系未休眠，冬季施肥断根致根系受损。

2.次年春天树体情况（见下图）。挂果量应按照果树的整体情况来决定，包括树体营养的贮存、施肥、叶片光合作用能力、根系情况及病虫害发生情况等，相应的保花保果措施也应有调整，不能一概而论。

老叶黄化　　　　　　　　　　　抽出的新梢后卷情况严重

开花、抽梢非常多，畸形花严重　　受红蜘蛛影响叶片变黄，光合作用减弱

（三）暖冬可能导致柑橘树出现的情况

1.第2次生理落果、后期落果多，春梢瘦弱。第1次生理落果结束后，树上留存正常果及畸形果较多，第2次生理落果及后期落果期间，梢果需要大量的养分，但因树体养分贮存有限、光合作用合成不足、根系供应不足等，梢果得不到充足的养分，导致落果严重、春梢瘦弱。

2.果实较往年小，商品率降低。保花保果措施不到位，后期落果过多，浪费了树体营养，果实偏小。

（四）改善措施

1.保果时间。较往年谢花2/3时施用第1次保果药，第2次保果药延后至谢花完全后15～20天施用，使树体脱落更多的弱果及畸形果，集中养分供应留存梢果。

2.激素选择。第1次施用赤霉素（选用）＋细胞分裂素，第2次用赤霉素（选用）＋芸薹素内酯/复硝酚钠。

3.施肥方法。

（1）根部撒施。谢花前撒施高氮复合肥，谢花后用高钾复合肥，挂果50千克以上的树施200～250克/棵，挂果25千克以下的施100～150克/棵。

（2）根部淋施。淋施含腐殖酸水溶肥，促进生根及根系生长。

（3）叶面喷施。谢花前喷施高氮＋硼肥＋多肽/海藻酸，谢花后喷施高钾＋硼肥＋多肽/海藻酸。

4.农事操作。

（1）摇花。摇落部分果实，减少养分消耗，避免花瓣粘在果上导致花皮。

（2）疏花。小树摘花，减少营养消耗，加强春梢生长；挂果树摘除无春梢"绣球花"。

（3）疏梢。春梢过密可适当疏掉，每条枝留2～3条春梢。

（4）排水。做好果园排水措施，降低园内及土壤湿度。

四、花期用药注意事项

（一）案例一

近期很多果园出现春梢嫩芽偏小，部分叶片不能正常展开、呈不规则卷曲状。

花期、嫩梢期叶片扭曲

1. 原因分析。经过询问，种植户 2 天前喷了 73% 炔螨特 2 000 倍液，那么到底是不是炔螨特引起的呢？ 2015 年笔者在春梢期做过同样用药的试验，用药 3 天后表现出来的状况如下图所示。

春梢炔螨特药害

事实证明，在柑橘春梢期用 73% 炔螨特 2 000 倍液喷雾，很容易出现药害。

2. 炔螨特使用方法。炔螨特是广谱有机硫杀螨剂，对成螨和若螨有很好的防治效果，它能杀灭多种害螨，还可杀灭对其他杀虫剂产生抗药性的害螨，在世界上被使用了 30 多年，至今未见抗药性的问题。

3.用药注意事项。

（1）高温（30℃以上）潮湿天气，柑橘嫩叶喷洒高浓度炔螨特很容易造成轻微的药害，使叶片卷曲或有斑点，叶片不能正常展开，严重的会掉叶。

（2）柑橘花期不能使用，很容易导致嫩梢卷曲，甚至影响到开花质量。

（二）案例二

嫩梢脆弱，叶片卷曲，不能正常展开。

春梢赤霉素药害

1.原因分析。经过询问与调查，种植户在谢花2/3后（图片上可看出还有一些花瓣）喷了赤霉素，浓度不高，只是在喷完药后将剩余的药剂在部分树上多喷了一次，其他没有多喷的就没有出现这种情况。总的来讲，就是赤霉素过量了。

2.赤霉素使用注意事项。

（1）在日平均气温23℃以上的天气进行喷施。因为气温低时花、果不发育，赤霉素不起作用。喷药后4小时内下雨要重喷。

（2）赤霉素可与一般农药混用，并能相互增效。如果使用赤霉素过量，副作用可造成倒伏，所以常使用甲哌鎓进行调节。注意不能与碱性物质混用，但可与酸性、中性化肥及农药混用，与尿素混用增产效果更好。

（3）赤霉素水溶液易分解，不宜久放，宜现配现用。喷施时要求细雾快喷。

（4）只有在肥水供应充分的条件下施用赤霉素才能发挥良好的效果，不能代替肥料。

（三）案例三

新梢严重变形，叶尖和边缘似开水烫伤，边缘干枯。

新梢类似有机磷农药药害

1. 原因分析。由于种植户也不清楚喷了什么药剂，初步怀疑是有机磷类等高毒的杀虫剂导致。

2. 补救措施。

（1）在药害前期及时施用芸薹素内酯、复硝酚钠等植物生长调节剂配合多肽氨基酸叶面肥缓解，经过一段时间叶片就会恢复生长。

（2）药害发生严重时，建议在春梢老熟后将其剪掉。

3. 柑橘花期用药注意事项。

（1）不能使用高毒的农药制剂，例如有机磷类等。

（2）不添加乳油型药剂，容易造成幼果花皮的现象，建议使用悬浮剂、水分散粒剂等较安全的剂型。

五、赤霉素和红蜘蛛药剂混用危害

保花保果期间，笔者走访果园发现很多种植户在使用赤霉素时存在两个误区：第一，红蜘蛛药剂和赤霉素等保花保果药剂一起混用；第二，赤霉素药剂在同一棵树来回喷雾。

（一）红蜘蛛药剂和赤霉素等保花保果药剂混用

红蜘蛛药剂通常为触杀性农药，由于红蜘蛛比较隐蔽，需要在正面、反面、隐蔽处喷透，有些种植户喷到滴水为止。而赤霉素等激素有固定的浓度标准，喷多了则容易出现混合型药害。下面图片是阿维·乙螨唑、赤霉素、芸薹素内酯、硼肥等药剂混用出现混合型药害。

赤霉素等多药混用致春梢卷缩，叶面有药害斑

建议激素类药剂与其他药剂分开喷雾，防止浓度过大造成药害。

（二）赤霉素稀释倍数合适，但是喷施过度引起药害

很多种植户担心保花保果效果不够好，在喷施赤霉素等药剂时，来回重复喷雾，导致单株药量过大，出现药害。

赤霉素药害

发现激素药害后不要立刻补充其他激素或叶面肥等，需等约1周，待赤霉素药效丧失后，再喷施多肽、海藻酸等药剂，恢复树体。

药害后7天，喷施多肽、海藻酸恢复树体

（三）注意事项

1.赤霉素药剂不要来回重复喷雾，避免剂量过高引起药害。

2.炔螨特、红蜘蛛等特殊性药剂不要和激素类混合喷雾，避免剂量过大造成药害。

第三节
夏季壮果期

一、普遍小果

（一）田间症状（9月贡柑果径）

贡柑果径普遍偏小。

9月贡柑不同果径

（二）发生原因

（1）养分不足，7～9月果实迅速膨大，同时是夏梢、秋梢萌发期，梢果养分竞争激烈。

（2）树势弱，挂果量大，会导致每个果实获得养分偏少，难于促进果实的膨大。

（3）膨果期遇到异常天气，高温、干旱和雨水偏多等问题影响膨果。

（三）防治步骤及方法

1. 保持土壤水分。

（1）夏季进行生草栽培或树盘覆盖，降低土壤温度，保持田间水分。

（2）适时中耕松土，使土壤透气保水。

（3）长期干旱天气及时灌水。

2.控夏梢。喷施氟节胺控制夏梢萌发，避免夏梢与果争夺养分，使果得到充足养分、迅速膨大。

3.壮果期施肥管理。壮果期用腐殖酸＋高钾肥淋根；秋季浅施花生麸、菜麸等有机肥，补充土壤有机质含量。

4.合理疏果。

（1）6月及早疏除畸形果、伤果、偏小果、裂果、病虫果以及同一生长点有多个果实的非正常果实。

（2）7～8月按树体适宜挂果量确定大致数量，适当疏除部分春梢顶果、内膛果、下垂枝条果等，促进秋梢萌发，提高中小型果实膨大速度。

（3）9～11月进行疏果，摘除部分偏小果实，促进商品果膨大着色，提高经济价值。

5.膨果期施肥管理。秋梢老熟后，用腐殖酸＋高钾水溶肥淋根，用高磷高钾叶面肥进行叶面喷雾，也可适当喷施芸薹素内酯，提高抗性，促进果实的优良发育，提升品质。

6.病虫害防治。预防炭疽病、溃疡病、蓟马、红蜘蛛、锈蜘蛛、潜叶蛾等病虫害。

二、疏果策略

（一）田间症状（留果过多）

留果过多，果实大小不一

（二）疏果原理

贡柑的树龄、树势决定了叶片数量和根系面积，从而限制了通过叶片光合作用产生的物质及根系吸收的养分多少。因此，一棵树的最高产量通常不会因挂果过多而增加。通过有效地疏果，避免果量过大出现大量的小果，可以提高果园的商品果率。

（三）操作步骤及方法

1. 疏除病虫果、畸形果、机械损伤果。

2. 疏除小果、内膛果、下垂枝条果。内膛果、下垂枝条果获得的阳光和养分较少，果皮着色较差，果肉甜度低、酸度高，可将其疏除。

3. 确定留果量后疏除多余果。按照树龄、树势、肥水供应情况确定挂果量，贡柑果径6厘米以上的4个果约500克，果径6.5厘米以上的3个果约500克，加上病虫危害、机械损伤、后期落果等（20～30个），确定大致留果量。例：3年树，挂果15千克，果径6.5厘米以上，则留果量大概为30×3＋（20～30)=110～120个。

三、太阳果

（一）田间症状

贡柑日灼果　　　　沙田柚日灼果　　　　　　　贡柑叶片日灼伤害

（二）发生原因

柑橘日灼病是夏季高温的一种常见生理性病害，主要危害叶片、果实和树皮，该病发生的主要原因是高温烈日暴晒。一般7月开始，8～9月多发，果实在烈日强光下持续暴晒，引起叶肉、果皮生长受阻发生生理性病变，叶片失绿或者局部干枯，导致表皮出现不正常的颜色，如高温连续多日，果面呈现焦黄色或褐色，变色处果皮下陷变硬，形成太阳果。果园中处于西南方位的中上部果实受害最为严重。

（三）防治步骤及方法

1.加强肥水管理。长期干旱天气时，果园留草保湿、及时灌水和增施一定量的氮、磷、钾肥，合理营养，保证留有较多的叶；6、7、8月补充钙肥，增加果实硬度、表光度，防止裂果。

2.幼树合理修剪。延迟放夏梢，或放秋梢时间不宜过晚，借梢遮果，适当保留少量营养枝。

3.注意打药时间。乳油类药剂避免在太阳光强烈阶段（上午10时至下午3时）喷药，如石硫合剂、机油乳剂等。

4.果实涂白、贴面、套袋。果面涂白能避免阳光直射，起到保护作用（贡柑、茂谷柑较多使用）。对树冠顶部和外围的果实，在其阳面上贴一张与果实大小相似的白纸，能有效地防止果实表面的灼伤（蜜柚较多使用）。

备注：涂白所用白浆，建议使用轻质碳酸钙（腻子粉）加胶水，可以用108胶水，成本低且具有收缩性，防雨效果也很好。粉胶比例1∶（2.0～2.5）为宜。

茂谷柑7～8月全树涂白防日灼

四、洪涝恢复

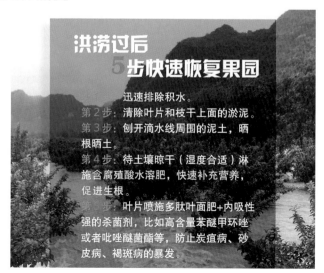

洪涝过后**5**步快速恢复果园

迅速排除积水。

第2步：清除叶片和枝干上面的淤泥。

第3步：刨开滴水线周围的泥土，晒根晒土。

第4步：待土壤晾干（湿度合适）淋施含腐殖酸水溶肥，快速补充营养，促进生根。

第5步：叶片喷施多肽叶面肥+内吸性强的杀菌剂，比如高含量苯醚甲环唑或者吡唑醚菌酯等，防止炭疽病、砂皮病、褐斑病的暴发。

五、钙肥巧用

钙对柑橘果实的品质至关重要。从数据来看，柑橘对钙的需求很高，仅次于氮、钾。缺钙会严重影响植株生长，进而影响当年产量以及果实品质。同时，钙元素的缺乏还易导致裂果、浮皮果、霜冻果、皱皮果等。果实钙含量高还可提高果实的强度与弹性，延长果实贮藏时间。

沙糖橘浮皮果　　　　　　　　　　贡柑裂果

钙离子在树体内难以移动，幼果利用根系吸收的钙离子的竞争力低于叶片，并且果实成熟后角质层加厚对外源钙进入果肉组织具有阻碍作用，所以选择最适时期喷施钙肥是提高柑橘果实钙含量的关键步骤。

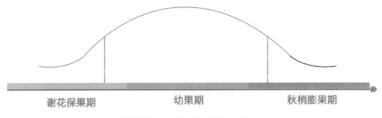

谢花保果期　　　　　　　幼果期　　　　　　　秋梢膨果期

柑橘果实对钙的吸收效率

由上图可见柑橘果实在幼果期对钙的吸收效率最好，但此时柑橘果皮油胞细腻，易发生药害，选择补钙药剂时要注意以下几点，以有效提高钙吸收效率。

1. 减少与其他金属离子混配施用。

（1）金属离子通过气孔扩散、角质层渗透等方式进入果皮，若药液中总金属离子含量过高，易损伤果皮发生药害。

（2）钙离子与钾、锌、镁等有拮抗作用，减少与钾、锌、镁等的混配可提高钙的吸收效率。

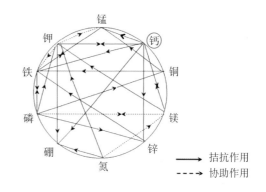

络氨铜＋钙叶面肥喷果发生药害　　　　各主要营养元素间的相互作用

2. 勿与矿物油混配施用。大部分柑橘产区在幼果期温度较高，矿物油在温度较高、混配药剂多时易发生药害。

（1）幼果期、果实膨大初期施用钙肥时，温度较高，混配药剂也较多，若此时添加矿物油，易发生药害。

高温时贡柑喷施矿物油＋含钙叶面肥＋代森锰锌＋伊维菌素产生药害

（2）矿物油在果皮表面形成一层油膜，干扰果实蒸腾作用和呼吸作用，降低钙离子吸收效率。

3.选择吸收效率好的钙肥。可选择氨基酸钙、糖醇钙等螯合钙，能够有效地提高钙的吸收速度以及吸收量，还能够补充氨基酸、糖醇等有益物质。

钙肥增效小窍门：喷施钙肥时，添加一定量的生长素/赤霉素/萘乙酸，可促进果实对钙的吸收。

六、防裂果

柑橘裂果归根结底就是果皮的生长速度跟不上果肉的生长速度，果肉撑破果皮。

（一）影响柑橘裂果的因素

1.气候与水分。

（1）高温干旱后骤雨或灌水。果实发育膨大后逐步进入成熟期，果皮（柚类为海绵层）停止生长或增厚，而果实内液胞迅速伸长和增大，促进整个瓤瓣迅速增大而充实，压迫外果皮逐步变薄。在高温干旱的条件下，柑橘的果皮由于水分供应不足会变得很脆（例如，茂谷柑的裂果会从日灼比较严重的部位开裂），并且此时由于叶片蒸腾作用增强，柑橘果实内水分会流失，糖度增高，细胞渗透压增高，此时果实处于缺水状态。如果降雨和紧急大量浇水会出现以下情

贡柑裂果

贡柑日灼果

况：第一，植株由根系猛吸水，果肉迅速膨胀，撑破果皮；第二，落在果皮上的雨水直接渗入果肉，果肉细胞为改变渗透压吸水，果肉迅速膨胀，撑破果皮。所以很多农户在干旱之后猛灌水的做法是错误的，喷洒水到果面上更是错误的。

（2）长期水分过多。果园长期积水或浇灌过多，土壤长期过度湿润，很容易造成烂根从而影响根系对营养的吸收，致使后期果实发育营养供给不足而影响细胞结构的发育。而水分过多的供给果实，也会导致内部细胞尤其是液泡细胞急速膨胀，导致裂果。

2.畸形果。畸形果在后期柑橘果实快速膨大的过程中由于果皮厚薄程度不一，果皮受力过大产生裂果。畸形果有一部分可能是早春时期畸形花、病虫

危害导致。

3.病虫害。溃疡病、砂皮病、椿象、螨类等病虫害及日灼等使果皮失水和受伤，降低了韧性，加重了裂果。

4.营养状况。缺钙、硼等元素易致裂果。钙是植物细胞的重要组成元素，在植物体内钙元素具有稳定细胞膜、维持细胞壁结构、提高细胞韧性等作用。在果肉快速膨胀时，适当补充钙肥有坚固果皮的作用。但是切记，并不是补钙就能防治裂果，补钙只是加固果皮，可减少缺钙导致的裂果。缺硼会在果实上产生黑点，易在果皮处产生开裂。缺钾会使果皮变薄，所以其对裂果的影响也就不言而喻，补充适当钾元素还可以在一定程度上加强对病菌的抗性。

5.生长激素失调。果实内种子

畸形果

柑橘溃疡病危害果

的发育产生赤霉素，刺激果肉生长，生长速度远大于果皮生长速度，从而导致裂果（笔者认为这是不可忽视的一个因素，此外，笔者还认为茂谷柑涂白也会引起部分裂果）。

6.其他因素。

（1）品种。皮薄的容易裂果。

（2）栽培环境。一般山地种植的柑橘，土壤保水保湿条件好，裂果发生较少。

（3）砧木。抗旱较好的砧木不易裂果。

（二）预防裂果的方法

1.保持土壤水分均衡。保持土壤水分均衡可以避免果肉快速吸水膨大造成的裂果。具体做法包括：

（1）对于长期下雨、水分太多的果园要开好沟渠，及时排水；干旱时一般看到叶片有干旱迹象就可以开始补充水分，通常的做法是淋小水，保持一定的水分，避免一次性淋太多水。

（2）果园生草栽培或覆膜覆草。减少水分流失，阻止地面蒸发，从而保持土壤水分。

（3）松土断根。在大量水分供应（暴雨来临或大量灌水）前进行断根（可以在9～10月进行），可以减少根系吸收水分，降低蒸腾作用强度，保持适当的水分运输速度，避免树体过分耗水，有效减少裂果。但此措施必须使用得当，若过分控制根系生长，对果实的正常发育和采后迅速恢复树势都不利。

2. 补充营养。

（1）花期补充硼肥减少畸形花。

（2）从5月开始施用高钾肥料。

（3）适当补充钙肥，在6～8月柑橘快速膨大时期进行叶面喷施。

3. 病虫害防治。防治溃疡病、日灼病、砂皮病、椿象、螨类、蓟马、橘小实蝇等病虫害。

4. 利用生物激素。

（1）幼果期喷施1～2次赤霉素或2，4-滴可预防裂果。在第1次生理落果后叶面喷施50毫克/升赤霉素或5毫克/升2，4-滴，或单独喷施防裂素1次；第2次在果实迅速膨大期再喷100毫克/升赤霉素或5毫克/升2，4-滴，可降低30%～50%的裂果率。植物生长调节剂浓度的高低对调控裂果的效果差异很大，因此采用该技术措施应特别慎重，特别需要注意的是2，4-滴同时也是一种除草剂，高浓度会造成落果，生产上使用2，4-滴时浓度应控制在15毫克/升之内，否则会导致严重落叶落果。

（2）果实成熟前期喷施果实。成熟期久旱不下雨时，用5毫克/升2，4-滴在傍晚喷施于树冠着生有果实的部位，特别是易发生裂果的树冠中下部。每周1次，连续2次，大暴雨来临前或喷后遇大雨可加喷1次。这种方法通过平衡果肉、果皮生长来防止裂果。但是，此期喷施2，4-滴会推迟果实成熟，生产上必须谨慎使用。

补钙与使用激素防止裂果的原理

补钙	使用激素
稳定细胞膜，提高细胞壁韧性从而坚固果皮	维持果肉、果皮激素平衡从而使果肉、果皮生长速度一致

七、高温药害

（一）喷施百菌清＋含钙叶面肥

1. 叶片症状。叶片受害时，叶片中部和叶尖有灰白色药斑，边缘为褐色，叶片卷曲，雨后落叶。

喷施百菌清＋含钙叶面肥的沙糖橘叶片药害

2. 果实症状。幼果受害时，果皮受害部位初为灰青色，后变为黄褐色，边缘有黄色晕圈，果皮破裂，严重影响果品品质。

喷施百菌清＋含钙叶面肥的沙糖橘果实药害

3. 结论。百菌清在单独使用或没有幼果时不易产生药害，但在高温下与叶面肥混用易产生药害，建议百菌清不要在挂果期或高温天气使用，以免产生药害。

（二）喷施噻菌铜＋锌硼肥

1. 叶片症状。叶片受害时，叶片失绿变黄，边缘不明显，中间有深褐色圆形或不规则药斑，雨后落叶。

喷施噻菌铜＋锌硼肥的沃柑叶面药害

2. 补救措施。及时喷水改善果园微环境和喷施多肽类叶面肥缓解药害。

3. 结论。噻菌铜在正常使用时不会产生药害，但是在高温天气或与不合格锌硼肥混用易发生药害。

（三）喷施络氨铜＋含钙叶面肥

1. 叶片症状。前期叶片发黄，脱落；后期叶片背面出现药斑或药圈。

喷施络氨铜＋含钙叶面肥的叶面药害

2. 果实症状。药害出现在药剂残留比较多的果实底部。前期果面凹陷，呈黑褐色，受害部位油胞破裂，干燥起痂；后期受害部位呈现铁锈色斑块，刮掉后呈现淡黄色。

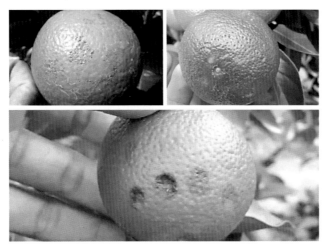

喷施络氨铜＋含钙叶面肥的果实药害

3.补救措施。及时喷施氨基酸类或者多肽类叶面肥1～2次缓解药害。

4.结论。络氨铜和叶面肥在高温下混用易发生药害，建议络氨铜单独使用，同时，避免在高温下喷药。

温馨提示

- 避免在太阳光强烈阶段（上午10时到下午3时）喷施农药！
- 选择水溶性好、不易产生沉淀的药剂，科学用药，不随意增减浓度！
- 避免含铜制剂和叶面肥等混用，如要混用，建议先小范围试用！
- 喷药时要持续搅拌，均匀喷施，防止局部浓度过高产生药斑！

八、除草剂药害

南方柑橘园雨热同季，杂草生长极其迅速。化学除草剂因其省时、省工而成为许多果农的首选。除草剂的广泛使用，甚至是滥用，对柑橘的生长造成了不良影响。果园喷施除草剂时容易误喷，大风天气往往造成药液随风飘移，常致柑橘叶片尤其是新梢受害。

（一）认识除草剂

除草剂可依据不同类型进行分类。

（1）按化学结构分为苯氧乙酸类（如2，4-滴等）、酰胺类、二苯醚类、磺酰脲类、咪唑啉酮类等。

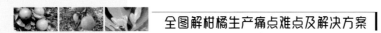

（2）按作用方式分为选择性（选择性防除作物杂草而不伤害作物，如2,4-滴仅对双子叶杂草有效）和灭生性（对所有植物有效，如五氯酚钠等）。

（3）按除草剂在植物体内移动性能分为内吸性（如2,4-滴等可在植物体内移动）和触杀性（如五氯酚钠则不能在植物体内移动）除草剂。

（二）除草剂药害状

草铵膦致沙糖橘叶片斑点　　　　　　草铵膦致沃柑嫩叶黄化

（三）药害的预防与补救措施

1. 正确使用除草剂。使用除草剂时，应在杂草生长最幼嫩时施用，减少杂草抗性积累。同时应尽量在无风天喷施，可在喷头上安装防风罩，减少药液飘移造成的伤害。

2. 喷药缓解药害，恢复树势。柑橘植株药害严重时，可喷施适量芸薹素内酯、叶面肥等，淋施1～2次水溶肥，促进树势恢复。

3. 提倡果园生草。果园自然生草或种植白车轴草、紫云英、百喜草等可有效抑制杂草生长，防止水肥流失，改善果园土壤养分及水分，调节果园小气候。

柑橘园生草栽培

4. 防草布覆盖。近年来，在新建柑橘园采用黑色防草布防草逐渐成为趋势。黑色防草布遮光，具有抑制杂草生长、提高冬春季地温、保持土壤水分、减少小实蝇等土壤越冬害虫藏匿机会等作用。

柑橘园防草布覆盖防草

九、高温热害

（一）持续高温，根系受损

持续高温，根系受损缺氧，营养失调，导致果树全株枯萎。

补救措施：树盘覆草，及时补水。淋施腐殖酸类水溶肥，促进萌发新根，增强树势。

持续高温导致新梢枯萎

（二）水浸后高温

积水使柑橘根系缺氧，根系活力受损，养分吸收能力下降，树体营养和水分平衡失调。同时，夏季雨后气温升幅大，植株体内大量水分蒸腾散失，往往导致柑橘新梢枯萎、幼果脱落或整个植株萎蔫。

补救措施：开沟排水，裁剪枯枝，喷施叶面肥，增强树势。

十、板结土壤改善

柑橘种植收益与传统水田相比有着明显的优势，近年来有不少水田纷纷改种柑橘，问题也接踵而来。其中，积水严重、表层土板结硬化这两个问题最为严重，积水可以通过深沟高垄解决，而表层土板结硬化却并非一朝一夕就能够有效解决，需经过长

果园土壤板结

年累月的改土措施加以改良。

（一）水田改种果园表土板结硬化原因

水田土壤经过长年累月的耕作，其耕作层土壤（厚30厘米左右）呈现出极黏、细等特性，改种柑橘后土壤经阳光暴晒，水分散失，表土呈现出极硬、不透气、捏碎后呈粉状等特性，即俗称的"压死泥"。

（二）表土硬化带来的问题

撒施是常用的施肥方式，这对表土疏松的果园来说是可行的，但并不适用于表土硬化果园。

板结造成土壤的吸水、吸氧及营养物质的吸附能力降低，通透能力的下降使柑橘根系发育不良，影响植株生长发育。

1.**肥料吸收率低**。因表土极硬、不透气等特性，撒施的肥料经雨水溶解后难以渗透进入根系土层，根系吸收率低，肥料利用率低。

2.**根系生长受阻**。根系生长需要充足的养分以及疏松透气的环境，根系有着"趋肥性"。撒施肥料时，肥料多集中在表土，若雨水浇灌不够，则难以渗透到底层土壤，根系趋肥向上生长，但表层土极硬、难以透气，根系生长受阻。

表土板结，根系生长差

（三）解决方案

1.**长期果园改土解决方案**。在测定果园土壤有机质、养分的基础上，通过增施有机肥、石灰、生草栽培等措施，经过3～4年的改土，可达到疏松果园表土层，促进果树根系生长，提高果树肥料利用率的效果。

2.**短期土壤改良方案**。对土壤板结果园，为短时间促进柑橘树体长势，往往采用"大肥大水"措施，肥料浪费现象普遍，还对环境造成污染。建议在测土测叶的基础上，可淋施水肥，用施肥枪深施水肥，精准施肥，提高肥料利用率。

（四）施肥枪施水肥实例

1.**施肥枪介绍**。可采用打药设备的同一套系统，不同之处在于药箱替换为大容量水箱、打药枪替换为施肥枪，输肥管为耐高压管。

大容量水箱（储肥水桶）

施肥枪　　　　　　　　输肥管（耐高压管）

2. 施肥步骤。

（1）调节机器，计算施肥速度。把施肥机调节到合适的压力，按灌水12.5千克/棵计算施肥枪出水所需要的时间。

（2）溶解水肥。把水肥充分溶解到水箱中。

（3）施肥。每棵树可绕滴水线选择3～4个点进行施肥，每个点施肥时间可按总施肥时间除以施肥点数量计算。

3. 施肥枪施水肥的优势。

（1）精准。与刨坑、地表撒施肥料相比，使用施肥枪施肥可节约30%～40%的肥料，还可准确掌控用量、深度、距离。

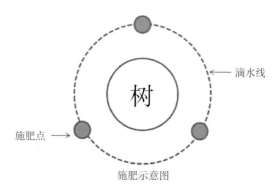

施肥示意图

（2）高效。肥料是水溶状态，肥效快、不挥发、可迅速被根系吸收，避免了刨坑和地表撒施肥料迟迟不能溶解而挥发的缺点。

（3）节省。传统的施肥方法费工且劳动强度大，使用施肥枪，工人无需弯腰即可在30秒内完成一次施肥。

（4）抢救与复壮。对感染土传病虫害、有根腐危害的树木，可结合追肥药肥混用，进行地下施药防治，也可将生长调节剂、生物菌肥等直接作用于根部区域，提高救治效果。

（五）总结

对于表土过硬、黏性过大、不透气的柑橘园，幼苗期施肥可主要采取淋施水肥，促新根、上下出梢整齐，同时，短期内也可采取施肥枪施水肥的方式供给根系充足的养分，使得树体树势壮旺；但是，从长远考虑必须坚持使用有机肥，并进行留草栽培，逐步开展果园土壤改良。

第四节
秋梢膨果期

一、裂果

（一）田间症状

柑橘裂果

（二）发生原因

（1）土壤水分过多容易裂果。

（2）树体水分分布不均匀容易裂果。

（3）长期干旱后突然下雨容易裂果。

（4）果皮与果肉发育不同步。

（5）柑橘品种本身原因。

（三）防治步骤及方法

1. 春季做好果园水利建设。规划好各层级的排水沟，入冬至开春前深挖排水沟，做好清理疏通，使水利建设规范实用。

2. 保果期补钙。谢花70％时喷施第1次保果药，可增施钙1000倍液喷雾，15～20天后喷施第2次，有助于幼果皮生长。

3. 壮果期营养管理。6、7、8月每月叶面增施1次钙肥，增强果皮柔韧性。施肥以高磷高钾为主，勿偏施氮肥，氮素过多果皮偏薄，易裂果。

4. 夏季保水措施。

（1）长期干旱天气及时灌水，保持田间水分均衡稳定。

（2）夏季树盘土壤覆盖或生草栽培。

5. 秋季控水。膨果期适当控水，保持叶片微卷即可。

二、黄蒂落果

（一）田间症状

柑橘田间落果

（二）发生原因

（1）夏梢或秋梢抽发，梢果竞争营养。

（2）树体脱肥，土壤养分无法短时间内供给梢果生长。

（3）根系生长受阻，持续降雨导致沤根，无法吸收养分。

（4）偏施氮肥。膨果期偏施氮肥，新梢旺长，梢果竞争养分导致落果。

（5）病害因素。果柄炭疽病、褐斑病、黄龙病导致黄蒂落果。

（三）防治步骤及方法

1. 做好果园排灌设施。夏季高温多雨，需做好果园排灌设施，雨天及时排水，旱季及时灌水，保持土壤湿度，使根系生长良好，水肥吸收充分。

2. 控制夏梢萌发。春梢充分老熟后，在夏梢萌芽前，使用12.5%氟节胺500倍液喷雾。根据田间树势与天气，每20～25天喷施1次，连续喷施2～3次，控制夏梢萌发，减弱梢果养分争夺，使果实迅速膨大。

3.科学施肥。果树肥水供应要充足，膨果期使用高钾复合肥或硫酸钾，促秋梢不建议使用尿素，可使用含腐殖酸高钾水溶肥／高氮高钾复合肥促秋梢。

4.促进新根生长。秋肥、冬肥选用安全、有机质含量高的有机肥，靠近须根施用，来年会促发较多新根。7～10月果园膨果、干旱时可选用含腐殖酸高钾水溶肥，促发新根。

5.病害防治。8～10月，使用吡唑醚菌酯·咪鲜胺／苯醚甲环唑·吡唑醚菌酯进行叶面喷雾，防治褐斑病、果柄炭疽病，减少病害落果。

三、强壮秋梢

7月下旬，柑橘临近秋梢萌发期。作为次年良好的结果母枝，秋梢不仅体现当下树势强弱，还决定着来年的花果质量。因此，增强秋梢管理可为明年的丰产打下基础。

（一）合理的放秋梢时间

何时放秋梢必须按树龄、树势、结果量来决定。

丰产的果树建议在大暑至立秋放秋梢；中产的果树建议在立秋至处暑放秋梢；低产的果树建议在处暑后放秋梢，但最好在8月底前。

秋梢萌发期正值柑橘花芽分化的前期（生理分化期）。合理放秋梢能让花芽分化有充足的时间，保证来年花果的质量。

挂果量多的树早放秋梢。若放梢时间太晚，气温下降，新梢老熟慢，牵扯树体养分，减缓膨果速度，同时也缩减了花芽分化的积温时间。

挂果量少的树晚放秋梢。若放梢时间过早，温度适宜且树体养分集中，短时间内容易促发第二波秋梢，俗称"秋梢年"，影响花芽分化。

（二）秋梢施肥技术

秋梢用肥应以有机肥料为主，补充水肥和复合肥。有机肥料如同粮食仓库，使秋梢抽发后进入花芽分化期得到持续的养分供给，使前期生理分化向后期形态分化的转化有足够的养分。丰产的果树建议6月下旬就开始施有机肥。在果树两侧开浅沟（25厘米左右），施用腐熟的有机肥，配合磷钾复合肥，与土壤充分混合后施入。

计划好何时放秋梢，在放梢前10天施1次质量好的水肥，让新梢抽出。以前建议施用腐熟的花生麸，现在可以施用腐殖酸＋其他水溶肥＋少量复合肥。新梢出芽后补充叶面肥，先以高氮为主，新梢自剪后转磷钾肥。

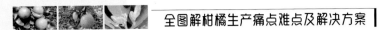

沟施有机肥

（三）多雨天气肥水管理

多雨天气对秋梢管理有一定的影响。抓住晴天，争取把有机肥料在立秋前施下。若施不了有机肥料，建议施用比较好的水溶肥。

水肥区别于有机肥，需要多次淋施来持续提供养分。依据树势和产量增加淋肥次数，以氮肥为主，配合磷钾肥，至少淋2次。

（四）秋梢管理要点

1. 病虫防治。秋梢期主要预防柑橘木虱、柑橘潜叶蛾、蚜虫。建议使用阿维菌素、吡虫啉等药剂，可兼治这3种虫害。新梢抽出1厘米左右喷施第1次，7～10天后喷施第2次。若新梢抽发整齐，可基本防治，若新梢不齐可在20天后第3次用药。

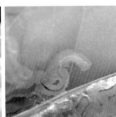

柑橘木虱　　　　　　　　柑橘潜叶蛾　　　　　　　　蚜虫

贡柑的秋梢期主要预防炭疽病、溃疡病及褐斑病。

褐斑病　　　　　　　　　　溃疡病

2.预防药害。秋梢期为用药高峰期，种植户用药种类多，混配药液浓度较高，在高温天气下极易造成药害。提倡一次用药2～3种为适宜，宁可多喷几次，也不要过度混用。

（五）防治褐斑病、炭疽病，促新梢整齐强壮应用实例

秋梢期是柑橘一年之中非常关键的时期，此时既要保证秋梢及果实不受褐斑病、炭疽病的危害，又要让秋梢整齐强壮，使来年的挂果有保证。

褐斑病危害新梢　　　　　　　　　褐斑病致大量落果

1.时间。2017年9月9日—16日。
2.地点。广东省仁化县城附近一个褐斑病发生果园（4年树龄）。
3.方案。喷施40%吡唑醚菌酯·咪鲜胺1 500倍液＋45%海藻肥2 000倍液。
4.试验效果展示及结论。喷施"40%吡唑醚菌酯·咪鲜胺1 500倍液＋

褐斑病防治效果

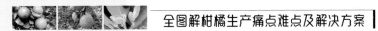

促新梢整齐、强壮效果

45%海藻肥2 000倍液"可以有效地防治贡柑褐斑病；能调节新梢养分均衡，促进新梢生长整齐；能快速有效地强壮新梢。

四、铁肥巧用

（一）铁的主要作用

柑橘叶片缺铁性黄化

1. 铁与叶绿素合成关系。铁是植物进行光合作用必不可少的微量元素，是叶绿素合成所需的酶的活化剂。

2. 铁与其他酶促反应关系。铁还参与植物体内其他多种酶促反应，包括固氮作用、硝酸还原作用及呼吸作用等，铁通过影响酶促反应进而影响植物对氮素的固定、吸收以及能量的产生。

由此可见，我们不应把铁简单看成是植物体内所必需的一种微量元素，而应将其看做一种提高叶片叶绿素含量，增强光合作用、呼吸作用及固氮作用等的非常有效的辅助措施。

（二）酸性土壤缺铁主要原因

1. 锰含量过高。红、黄土壤中的锰活性较高，药剂中含有锰使得植物体内锰含量高，降低了铁的有效性，阻碍铁的吸收和利用。

2. 元素拮抗作用。多种离子如铜、镁、钾、锌、锰均与铁有明显的竞争作用，从而影响铁的吸收。

3. 磷肥施用量过多。土壤中或植物体内过量的磷酸根离子可与铁反应生成难溶性的化合物，使有效铁减少。

4. 土壤积水。由于通气不良，根系和土壤微生物呼吸作用产生的二氧化碳不能及时逸出到大气中而引起碳酸氢根离子积累，碳酸氢根离子浓度的升高使铁的有效性降低而出现缺铁。

5. 砧木原因。砧木品种不同，缺铁的程度也有差异，用枳和枳的杂种做砧木的柑橘在碱性、石灰性土壤中易出现缺铁症状。

（三）铁肥种类

常见的铁肥品种主要有无机铁肥、螯合铁肥与有机复合铁肥。

1. 无机铁肥。包括可溶解的铁盐（如硫酸亚铁）和氧化铁-硫酸铁的混合物及一些铁矿石和含铁的工业副产品等。

优点：价格低廉，用作叶面喷施肥料对矫治作物缺铁失绿效果好。

缺点：性质的不稳定造成使用效能低下、混配性较差，锰、铜、镁、钾、锌等能影响铁的吸收；施用时土壤 pH 较高会固定铁。

2. 螯合铁肥。对铁有高度亲和力的有机酸（EDTA、DTPA、HEDTA 等）与无机铁盐中 Fe^{3+} 螯合而成。

优点：肥效较高，可混性强，可适用不同 pH 土壤。

缺点：价格较贵。

3. 有机复合铁肥。指一些天然有机物与铁复合形成的铁肥，如木质素磺酸铁、葡萄糖酸铁、腐殖酸铁等。

优点：价格便宜，易降解。

缺点：效果及稳定性不如螯合铁肥，主要为叶面喷施，在土壤中易被吸附使肥效降低。

（四）试验实例（叶面喷施铁肥对叶片转绿的效果）

1. 试验布设。

试验药剂：5%速效螯合铁肥（速效铁）1 000倍液。

试验时间：2017年5～6月。

试验设计：为验证速效铁肥对叶片转绿的效果，特设计4组试验，分别对比半株果树喷施、全株喷施、二次喷施以及速效铁肥与多肽钙镁肥结合喷施的效果差异。

试验组	用药方案	试验时间（5月18日）	试验时间（5月22日）
第1组	同棵树半株树喷速效铁肥	5%速效铁1 000倍液	
第2组	喷施速效铁肥1次		5%速效铁1 000倍液
第3组	喷施速效铁肥2次	5%速效铁1 000倍液	5%速效铁1 000倍液
第4组	速效铁肥与多肽钙镁肥结合	5%速效铁1 000倍液	多肽钙镁肥1 000倍液

2. 试验效果展示。

（1）第1组试验效果。半株果树叶片在喷施速效铁后能使均匀褪绿叶片快速转绿（因铁传导性差，喷施时要注意全面喷施喷透）。

叶片转绿效果

叶片转绿效果

　　结论：喷施速效铁肥能有效促进叶片转绿。

　　（2）第2组试验效果。对于花斑褪绿叶片的复绿效果试验显示，一次性喷施速效铁肥亦能有效促进叶片转绿。

叶片转绿效果

　　结论：喷施速效铁后能使花斑褪绿叶片快速转绿。

　　（3）第3组试验效果。从长期转绿效果上看，持续喷施速效铁肥时叶片保持绿色，后期叶片仍会褪绿返淡黄色。

叶片转绿效果

结论：单一补偿速效铁短期可以转绿老熟，但后期也会出现褪绿。

（4）第4组试验效果。试验显示，仅喷速效铁肥叶片的转绿程度明显较结合多肽钙镁肥配套施用的效果要差，后者叶片持续绿色的时间较长，全株转绿效果极佳。

叶片转绿效果

结论：速效铁对短期加快转绿效果明显，但是不能单靠速效铁，补充多肽钙镁等营养后对叶片转绿老熟作用明显，且后期不褪绿。

（5）试验总结论。

①叶面喷施可选择螯合铁，转绿效果较好。②喷施速效铁后能使均匀褪绿及花斑褪绿叶片快速转绿。③铁传导性差，喷施时要注意全面喷施喷透。④速效铁对短期加快转绿效果明显，但是不能单靠速效铁，补充多肽钙镁等营养后对叶片转绿老熟作用明显，且后期不褪绿。

五、8～10月黄蒂落果

黄蒂落果现象及果实症状

（一）夏梢抽发多，后期营养跟不上

1. 原因分析。由于夏梢萌发旺盛且多采取抹梢的方式控制，每抹一次梢就消耗一次营养，但是并没有及时补充相应的营养，因此秋梢萌发期和果实膨大期营养需求不能被满足，从而引发黄蒂落果。

2. 建议方案。7～9月做好沟施秋梢肥后，采用薄肥多施的方式施肥以补充营养。每15天施1次肥，100～150克/棵，保持营养的持续供应。

（二）根系生长受阻或吸收能力降低

果园积水落果

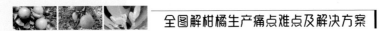

1.原因分析。后期雨水多，导致沤根，根系无法吸收营养；夏季和秋季根系不萌发，导致秋梢不老熟，无法提供营养给果实，导致黄蒂落果。

2.建议方案。

（1）及时做好排水工作，提前建立排水沟，雨水过后及时疏松土壤，快速让根系恢复。

（2）地势低洼区域或无法排水地块，建议秋季施用腐殖酸或含腐殖酸、海藻酸大量元素肥并混合复合肥淋根促梢，可在一定程度上提高根系的抗逆性。

（3）在一定时期根系营养供应不上时，需从叶片喷施高氮高钾叶面肥。

（4）施用腐殖酸或含腐殖酸、海藻酸大量元素肥＋复合肥淋根，促进水平根系生长和新梢萌发。10～15天1次，连续2次。

长期积水果园植株黄化现象

（三）叶片光合能力弱，营养形成少

叶片缺素症状

1. 原因分析。

（1）秋梢萌发期及果实膨大期需要大量营养，此时叶片容易出现缺镁、缺锌等症状，导致叶片无法形成叶绿素，光合能力差。

（2）长期阴天，叶片无法进行光合作用，导致营养合成受阻等也会引起黄蒂落果。

2. 建议方案。

（1）施秋梢肥的时候，配合有机肥和镁锌硼等元素一起沟施，提升吸收率和补充中微量元素。

（2）遇到长期阴天，叶片喷施芸薹素内酯、含海藻酸及高氮高钾叶面肥，提高光合作用。

（四）偏施氮肥、尿素等

1. 原因分析。与氮肥的施用有关。后期为了攻梢或促进果实长大，有些人以施氮肥为主，这样容易造成营养从果实转移到梢上，引起黄蒂落果；有些人喜欢施用尿素，出梢快，但是落果也快。

2. 建议方案。秋梢萌发期建议适度施用尿素。以高氮高钾为主，并且沟施或淋施花生麸＋硫酸钾等。

（五）柑橘炭疽病、褐斑病、黄龙病引起落果

建议后期使用吡唑醚菌酯杀菌剂，防病持效期长，有助于秋梢老熟。此外，还可以促进果面的光洁。8～11月更要加强管理，时刻关注天气及果园的变化，做好最后果实保卫战。

褐斑病（左）及黄龙病（右）导致果实提前黄化掉落

六、防日灼果

日灼是柑橘受到高温伤害的一种现象。夏季高温干旱季节，阳光直射果实、枝条和树叶，使其表面温度达45℃以上并持续较长时间，即可引起灼伤。受日灼伤害的果实在初期表现为较大的油胞破裂，油胞周围果皮褪绿呈淡黄色斑点，继而扩大成片；随着日灼程度的加重，坏死的油胞变黑，病斑中央呈干疤下凹，海绵层细胞死亡，汁胞粒化枯水，失去食用价值。

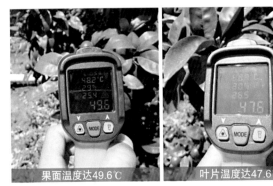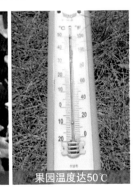

果面温度达49.6℃　　　　叶片温度达47.6℃　　　　果园温度达50℃

盛夏时柑橘园气温及叶片温度

解决方法有以下几种。

（一）放早夏梢

1. 原理分析。提前放梢，减少日灼的暴发，尤其是第一年挂果的树，顶果居多，放早夏梢、晚夏梢能够抗旱、保湿，是预防日灼的有效方法。

利用新梢遮挡，减少日灼

6~7月柑橘还处于第2次生理落果期，提前放梢有可能会导致大面积的落果，因此要调控好梢果之间的营养关系。

2. 技术要点。

（1）放梢的时间要掌握好，营养要充分，建议以淋钾肥为主，配合高磷高钾的叶面肥。

（2）放早夏梢前春梢要足够老熟，果实超过一拇指大。

（二）贴分色纸

1. 原理分析。粘贴分色纸，遮挡阳光的照射从而起到降温作用。在大多果园中应用效果良好，而且不会被雨水冲刷下来，操作也简单。

分色纸

粘贴分色纸防晒

2. 技术要点。

（1）分色纸每卷可以贴2～3棵树，材料的成本低，操作简单。

（2）分色纸雨后不会掉落，整体防晒效果良好，可以持续一个月以上，但是经过暴晒后容易掉落。

（三）全喷石灰

在雨水过多期间，进行整株喷施石灰，但容易喷施不均匀，持续时间短，防晒效果不理想，甚至影响到光合作用，造成树体衰弱、秋梢萌发少、质量不佳、果实偏小、叶片偏黄。

茂谷柑需要涂白，所需劳动力较大，成本高；对于贡柑而言，目前还不太确定涂抹石灰对果实后期转色及品质是否有影响。如果涂抹后防晒效果还不错，后期还得观察其他表现。因此建议可以先进行少量试验，看其效果如何再做进一步打算。

（四）贴锡纸

贴锡纸对防晒也有点效果，但是目前不太清楚如何粘贴在果实上，其表现效果也不明确。

（五）防晒剂

防晒剂在柑橘上的运用目前还处于研究阶段，对技术要求较高，现在表现还不理想。

喷防晒剂

（六）温馨提示

（1）目前防晒的方法有很多种，在没有确保安全高效的情况下，建议少量局部试验，确保安全有效后再大面积使用。

（2）高温来临前可以树盘覆草、果园淋水，可以降低果园温度，减少部分太阳果的发生。

（3）增强树势，提高树体抗逆性，可以在高温来临前2～3天喷施多肽氨基酸＋钙镁肥。

（4）高温打药要注意安全，建议不要喷施矿物油，易发生药害。

第五节
转色采收期

一、促花芽分化

秋冬季是宽皮柑橘花芽分化时期，低温和适度干旱有利于枝梢营养积累，促进柑橘花芽形成。

（一）培育强健秋梢

7月上中旬，浅施花生麸、菜麸等有机质含量高的有机肥，依据树势适当添加磷钾比例高的速效复合肥，并及时灌水；或在8月上中旬（立秋至处暑之间），施用腐殖酸、海藻酸水溶肥或沤制充分腐熟的花生麸水稀释后灌根，促进萌发整齐新梢。秋梢展叶后即在老熟前叶面喷施多肽、海藻酸、磷酸二氢钾或钙硼锌镁元素肥等，促进秋梢及时老熟。

（二）抑制冬梢萌发

柑橘开花枝梢主要在顶端枝梢部位。抽发较晚、不易老熟的晚秋梢及冬梢易受冻害，应减少此类梢抽发。近年来，冬季气温时常偏高，易抽发新梢，可采取措施抑制冬梢萌发。

10月上中旬至12月上旬，使用高磷高钾叶面肥（如磷酸二氢钾750倍液）＋25%多效唑400倍液于叶面喷雾，20～25天喷施1次，连续喷施2次。

（三）环割促花或扭枝促花

对于树势旺盛或往年开花坐果少的贡柑树，可选择在11月下旬至12月中下旬进行环割，抑制冬梢抽发，增加秋梢碳水化合物的积累，促进花芽分化。根据树龄大小，在主枝上使用合适环割刀环割一圈，不伤及木质部为宜。环割部位应距离地面20厘米以上，减少病菌侵染伤口。另外，也可用拉枝或扭枝、铁丝环扎主枝或主干等措施减少树冠养分向根运输。次年春季，对于环割、扭枝等的植株，适当追施速效肥促进树势恢复，提高开花质量。

二、留树保鲜

11月下旬贡柑果皮开始转黄时即开始采收，可采收至完熟（12月底）。

贡柑覆膜保鲜　　　　　　　　贡柑覆反光膜控水增糖

对于大果场，建议分批采果，先采收部分大果、树冠外围果实至总果量 1/3 ~ 1/2，中小型果实晚采收，保证相对较好收益。

（一）弱树及晚采果树补施肥

11月中下旬，淋施沤制花生麸或商品有机水肥，提高树体抗寒能力。

（二）病虫害防治

11月上旬至12月上旬，喷施咪鲜胺、代森锰锌等杀菌剂，如果果园有螨类危害，增加杀螨剂，10 ~ 15天喷施1次，连续喷施2次。

（三）药剂保果

在防治病虫害的同时，用20 ~ 50毫克/升2,4-滴叶面喷雾，预防落果。2,4-滴的施用浓度需根据气温调整，气温高用低浓度，气温低用高浓度，一个月不超过2次，次年1月以后不应施用2,4-滴，以免影响次年花果生长。

（四）预防冻害

在冬季霜雾和低温来临前，喷施植物保护液＋多肽或海藻酸，温度更低则需采用熏烟、覆膜等防冻措施。

（五）合理控水，保持土壤湿度

秋冬季连续20天以上无雨时，应及时浇水，以免造成果实失水脱落；同时，可在树冠滴水线内距树干20厘米范围内覆盖8 ~ 10厘米厚的稻草、秸秆等，或采用地膜覆盖，保持土壤湿度。为防止雨水过多造成果实采前风味变差，可采用反光膜或薄膜覆盖滴水线内距树木1米范围，减少树体吸收水分，提高果实品质。

三、预防霜冻

（一）发生原因

气温长期低于柑橘品种可耐受的最低温度时，柑橘树体内部组织结冰，使得细胞质过度脱水，细胞机械结构遭破坏，蛋白质变性，酶类活性丧失。同时，冻后伴随寒风、低温及升温过快加剧冻害造成的损失，如果实浮皮、果肉粒化严重等，严重者导致果实果皮、果肉似烫熟腐烂，叶片枯死等。

（二）田间症状

贡柑树体结霜　　　　　　　贡柑果实冻害

（三）防治方法

1. 按生态区划种植抗寒性品种。不同的柑橘类果树其抗寒性差异较大，考虑到冻害的存在以及温度对柑橘生长的其他影响，应按照当地生态气候条件种植相应的品种，避免种植易受冻品种。

2. 选择适宜地点建园。在高山脚或低洼地冷空气沉积的地方，遇强烈辐射降温往往使柑橘受冻较重；在风口处的柑橘果园，因水分、热量散失更快，也会加重冻害；此外，远离水源、灌溉困难的地点，在干旱年份遇低温也易造成冻害。

坡向：南坡、风小、向阳、温度高，冻害一般轻。

坡位：凸出地形的气温变幅小于凹陷的谷地盆地，斜坡地以坡中温度最高形成暖层，坡顶、坡脚较低。

分析：果园一旦建成很难改变或改变成本大，因而种植前规划非常必要。

3. 建防护林。建防护林是因为风可带走水分和热量，加重冻害，而防护林可大幅度降低风速，寒冷季节可提高果园温度0.7～3.5℃，夏季可降低气温0.7～2.0℃。

分析：造林短时间内很难改变现状且规划成本太高。

4.选择抗寒砧木，起垄栽培。严寒天气，果园低温都出现在离地面5～30厘米。剪除离地面50厘米内的下垂枝条，可减轻地面枝条、果实的冻害。高砧栽培可利用砧木的抗冻性，使抗冻性较差的接穗部位躲过低温层，同时可促进秋梢早熟，减少冻害的威胁。利用积为砧

柑橘起垄栽培

木，砧高30～50厘米，能起到防冻、矮化、促进结果的效果。建园时，采用起垄栽培，避免树冠下部离地太近。

分析：有利有弊。枳壳砧高砧栽培的抗冻性确实有效，但枳壳砧亲和力不好导致容易发生碎叶病，垂直根系不强大，则总体抗逆性相比酸橘砧较低。应根据自身果园立地环境、土壤特点来选择，不要盲目跟随。

5.加强栽培管理，提高树体抗寒性。

（1）冻前灌水。灌水可增加土壤含水量和空气湿度，减少地面辐射，加速深层土温向上传导，减轻冻害。在中午温度较高时进行，灌水量以灌透为原则，灌后即排，不积水，并适时中耕，以防灌后结冻。

分析：不太能把握好量，过多易引起积水，影响根系呼吸作用，加重冻害，过少不能够达到防冻目的。

（2）培土增温。冬季培土能提高土温，增加肥力，从而达到保护根系和根颈的目的。红壤丘陵地最好能培沙土、加塘泥或草皮。培土的高度以超过嫁接口、高出地面35厘米为宜。到第2年春季霜期过后，要扒开培土，以防根颈霉烂。

（3）树干刷白。原理：利用石灰的白色反光作用，减小树体昼夜温差，避免树干冻伤，同时还能消灭隐藏在树干上越冬的病虫。刷白的高度以第一主枝以下为宜。

柑橘砧穗接合部和根颈是抗寒力最弱的部位，严寒之前对树干刷白，能保护好根颈主干不受冻害。注意先除尽枝干上的霉桩、枯皮，刷白剂一般按质量比为生石灰：硫黄粉：食盐：水=5：0.5：0.1：20的比例调制而成，刷白高度在树干离地面1米内进行较为适宜。

分析：能很好地保护根系、主干等，但对于树上部分，尤其是有果的树，作用效果不太明显。

（4）覆膜或包草。覆膜后可减轻平流降温和强烈辐射降温产生的冻害，

尤其适用于晴冻型和雪后霜型冻害。此外，在冻前用稻草包扎主干，也可防冻抗寒，是一种比较理想的改变局部小气候的方法。

贡柑简易覆膜防冻

①搭架覆膜。成本较高，适用于经常需要防冻的区域。

②直接覆膜。覆膜过久会导致果树通风不良，叶片呼吸作用减弱，光合作用受阻，影响花芽分化质量，严重时会造成叶片黄化。

③包草。树干包草对树干中下部有一定的效果，但对树冠部分，尤其有果时，效果不那么好。

（5）熏烟防寒。在降温之前，在柑橘园堆积枝叶、杂草、木屑、谷壳等，并用土压成熏烟堆，留出点火口和出烟洞口，在低温来临前点火熏烟，使其产生大量烟雾，从而起到减弱辐射降温、增加橘园温度、防止霜冻的作用。

分析：果园熏烟是防冻的好方法，燃尽的草木灰还是优良的肥料。但是治标不治本，持续时间不长，只能做应急之需，而且人工成本较高，建议此方案在强降温来临之际再使用。

（四）其他有效的防治措施

1.喷施多肽、氨基酸、海藻酸等叶面肥。在冻害前后喷施氨基酸、多肽等叶面肥，低温环境下吸收较快。并及时补充微量元素，有利于提高果树的抗逆性，迅速恢复树势。

分析：是一种比较理想的防冻方法，对于一般的寒害、冻害都有效果。需在寒潮来临前一段时间喷施，使得树体充分吸收。根据果园具体情况把握好时间及用量，因为氨基酸、多肽等叶面肥会增强树势而容易促发冬梢，竞争果树养分，降低花芽分化质量，影响来年花果。

2.植物生长调节剂应用。

（1）9～10月。喷施多效唑、氟节胺等可有效地抑制晚秋梢生长，促使枝条充分成熟，对减轻冻害有明显效果。

（2）11～12月。喷施2,4-滴能抑制叶柄产生离层，从而达到防冻效果。

分析：是一种有效的防冻方法，成本低，易操作，但要根据果园具体情况把握好用量及用药时间。

3.除螨防冻兼治。喷施生物膜等成膜性物质，可在枝叶表面形成一层薄膜，能牢固地胶住蚧螨，使之窒息缺氧而死，同时可抑制树冠蒸腾失水，减少热量散失，因而也被认为是有效的防冻方法。对于一般的寒害、冻害都有效果，同时还能有效地防治病虫害。

4.深耕改土，培育深广密的根群。柑橘园通过深耕改土，可以改善土壤结构，提高土壤保水蓄水能力，培育深广密的根群，能在严寒、酷暑季节使根系处在土温较稳定的环境之中，提高根系吸水吸肥能力，增强树体抗逆性能。

根系分布越浅，冻害越重。据观察，5年生芦柑果园中，根系多分布于地面15厘米以下的植株冻害后落叶率仅为30%，而根系多分布在地下3～5厘米的植株落叶率高达100%。

分析：需要时间较长，效果较好。

5.分批采收与早施肥，恢复树势。分批采收可以减轻树体负担，加速小果膨大，增加养分回流贮藏，有利于抗寒锻炼、增加抗寒能力。早熟品种采收后，立即施基肥；中熟品种适当采收，采前施基肥，可促使树体及早恢复树势，增加抗寒能力。

分析：视具体市场及果树生长状况而言，未来市场不明时，可以分批采收。

（五）总结

（1）基础条件。选择抗寒品种、砧木，选择好建园地点，建防护林。

（2）物理作用。灌水、培土、树干刷白、覆盖、熏烟。

（3）生理作用。喷施多肽、氨基酸、海藻酸、植物激素。

（4）抗蒸腾作用。喷施生物膜。

（5）其他。深耕改土、早采早施肥。

可以根据有效时间、成本、作用等方面来选择果园适合的方法。

第六节
冬季清园期

一、幼树控花

柑橘幼树期定植1～2年，以形成树冠为主，应少结果或不结果。为减少后期人工摘果，可通过一系列方法减少花芽的形成。

（一）足水控花

秋季贡柑花芽分化期保持园土湿润，避免干旱，减少花芽形成。

（二）施氮肥控花疏果

10月下旬至12月上旬施1～2次速效高氮肥，促进枝叶等的营养生长，减少花芽形成。春梢抽发开花时，可重施氮肥，加快营养生长，从而使花蕾、幼果缺乏营养而落花落果。一般春季开花时，雨天在滴水线附近撒施适量尿素或淋施高氮水肥。

（三）激素控花

9月中旬至12月中旬喷施70～100毫克/升赤霉素＋0.3%尿素或高氮叶面肥2～3次，抑制花芽分化。

二、冬季清园

冬季清园是柑橘全年管理的重点，做好冬季清园可减少第2年柑橘病虫害管理压力。南亚热带区域果园，冬季气温较高，虫害越冬概率大。同时，因出于对农药残留及食用安全的考虑，应采摘前1个月停止喷施农药。

近年来，随着晚熟品种如沃柑、茂谷柑等大量种植，采用覆膜越冬等措施延迟采收至春节前后，导致较多果农往往在开春前来不及清园。未清园或清园不彻底，病虫越冬存活，若果园郁闭，则加大次年病虫防控工作难度。如褐斑病、炭疽病、介壳虫、溃疡病等病虫害的暴发与冬季清园工作不够往往有直接关系。

完整的冬季清园工作包括清理果园周边杂木杂草、修剪、杀灭越冬病虫、果园改造等。

（一）修剪整形，清洁果园

秋冬季采果后至春梢萌发前，对橘树进行冬季修剪。

1.修剪。剪除病虫枝叶，如介壳虫、天牛、溃疡病和煤烟病危害的病叶、枯枝和残果，带出园外烧毁。

2.清洁。清除果园周围杂草；挖除黄龙病病株，锯除天牛、树脂病等危害的树或枝干。

3.整形。采用大枝修剪或"开门修剪"技术，锯除直立性大枝，"开天窗"降低树冠高度；疏除过密或交叉大枝，用绳索拉开直立枝，使树冠开张；对郁闭大树，在树冠朝南面，从树冠顶部纵向修剪40～50厘米宽的"门"，便于管理；交叉封行大树可疏除一行。

（二）杀灭病虫

冬季低温条件不利于病虫生存，病虫活动能力较差且分布相对集中，便于防治。

1.喷施药剂。

（1）重点越冬病害。

煤烟病、溃疡病、砂皮病、脂点黄斑病、青苔病。

（2）重点越冬虫害。

柑橘木虱、红蜘蛛、蓟马、介壳虫、潜叶蛾、粉虱等。

（3）药剂选择。

果园采果后，锈壁虱气温明显下降时，即可用波尔多液＋矿物油或石硫合剂进行清园喷施。

红蜘蛛、锈蜘蛛、介壳虫等虫害发生严重果园需要彻底消灭螨虫及卵块，减少越冬虫口基数；因冬季温度低，宜选择杀成虫兼杀卵、耐低温的杀螨剂，如矿物油与乙螨唑、噻螨酮、炔螨特、阿维菌素等任一种混合施用。均匀彻底喷施，尤其注意加强叶背、内膛等隐蔽部位的喷施。

2.黄龙病危害的果园。应先全园喷药后挖除病株，加强健康树的木虱防治，有冬梢的果园着重防治木虱，选择杀灭力强、速效、广谱的菊酯类、烟碱类（噻虫嗪、呋虫胺等）、有机杂环类（吡丙醚等）药剂，结合防治介壳虫等虫害。

三、有机肥施用

（一）柑橘园土壤现状

我国南方山地柑橘园大部分土壤为红壤，加之较多雨水淋溶，土壤酸性较强且较贫瘠，土壤有效钙、镁、硼等普遍较缺乏。同时，长期偏施化肥更导致果园有机质含量低、土壤易板结、土壤有益微生物少等。

土壤板结，不利于柑橘生长

（二）有机肥及其作用

有机肥是以含碳有机质为来源的肥料，俗称农家肥。制作有机肥的原料种类多、来源广，包括厩肥、绿肥、饼肥等。同时，有机肥所含的营养成分多为作物难以直接吸收利用的有机态，必须经过微生物酵解才能释放出各种供柑橘利用的养分。

增施有机肥是改良土壤的有效措施之一。增施有机肥可改良土壤结构（理化性质），土壤保水、保肥能力强，通气性好，可为柑橘根系营造良好生长条件。有机肥中的养分全面且有益成分含量高，不易造成单一养分过高的问题。有机肥的施用还有利于土壤中微生物的大量繁殖，产生的酶类、维生素等物质能促进柑橘根系生长，提高柑橘树体抗逆能力，同时，部分微生物也有解钾、解磷、固氮的功能。

市售有机肥应符合中华人民共和国农业农村部制定的农业行业标准《有机肥料》（NY 525—2021）规定。

（三）生物有机肥

生物有机肥即微生物有机肥，是指有机固体废物（包括有机垃圾、秸秆、畜禽粪便、饼粕、农副产品和食品加工产生的固体废物）经微生物发酵、除臭和完全腐熟后加工而成的有机肥料。

生物有机肥中有益微生物包括发酵菌和功能菌。

发酵菌：一般由丝状真菌、芽孢杆菌、无芽孢杆菌、放线菌、酵母菌、乳酸菌等组成。主要是发酵分解有机质原料。

功能菌：一般由解钾菌、解磷菌、固氮菌、光合细菌等组成。具有解钾、解磷、固氮作用，并能提高植物抗病、抗旱的能力。

（四）生物有机肥的作用

1.富含有机、无机养分，提高作物产量，改善品质。生物有机肥是有机物通过添加微生物菌剂发酵腐熟而成，因此富含微生物代谢产物如氨基酸、蛋白质等各种养分。同时含大量（常量）、中量、微量元素，能提供全面均衡的养分，提升作物品质。

2.富含各种生理活性物质，改善根系状况。生物有机肥中的微生物代谢产物如维生素、氨基酸、核酸、吲哚乙酸等生理活性物质能促进根系生长、增强作物新陈代谢能力。

3.富含有益微生物菌群，改善土壤环境。微生物菌群的活动还能改变土壤结构，有效缓解土壤板结，使得土壤更疏松透气，利于根系生长。

施用有机质使土壤疏松

（五）选用有机肥注意事项

1.是否腐熟。

（1）未腐熟有机肥施入土壤后，会继续发酵而大量消耗土壤中的氧气，导致土壤中下部缺氧，显著影响根系生长，甚至导致根系死亡腐烂。

（2）未腐熟有机肥在土壤中发酵时产生热量，容易灼伤果树根系。

（3）未腐熟有机肥容易成为某些果树害虫的越冬场所，加重果树虫害的发生。

未腐熟有机肥造成烂根

2.成分及含量。

（1）有机肥原料来源非常广，有河泥、畜禽粪尿、动植物残体、各种饼肥、生活垃圾、工业"三废"等，许多有机肥极易包含有微生物、虫卵、各种重金属等。

（2）活菌含量不明。加入有机肥中的菌含量及存活率难以辨别。

3. 施用位置。施用位置应在树冠滴水线外10厘米左右。

4. 商品生物有机肥应符合国家标准。出售商品微生物有机肥应符合中华人民共和国农业行业标准《生物有机肥》（NY 884—2012）的规定。果农应购买正规厂家的生物有机肥。

（六）有机肥简易辨识方法

看包装上证件、含量等标识是否齐全，看肥料是否均匀无杂质，闻肥料有无刺鼻气味及腐臭味。

生物有机肥外包装上的有效标识及成品

第三章

主要病虫害防治

第一节
主要病害防治

一、柑橘黄龙病

（一）发病规律与症状

1.病原及发病规律。病原为韧皮部专性寄生细菌，病害是中国、美国、巴西等世界主要柑橘产区发生的毁灭性病害；主要通过带菌接穗和苗木的调运远距离传播，田间传播靠传病媒介昆虫柑橘木虱。目前，黄龙病可防可控不可治。

2.发病症状。

（1）叶片斑驳黄化。

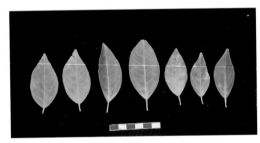

贡柑叶片斑驳黄化

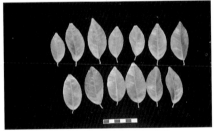

沙糖橘叶片斑驳黄化

（2）病树部分枝梢黄化。抽出的新梢呈缺锌症状。与缺素症不同，淋肥后黄化枝梢仍不能恢复。注意应排除蚱蝉危害及机械损伤。

（3）红鼻果。

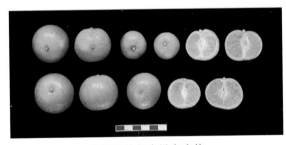

沙糖橘黄龙病果实症状

贡柑春梢叶片斑驳黄化

（二）防治方法

1.规范建园。规划果园时，应利用山体、树林等自然生态屏障，大果园也应通过建立防风带将果园分成若干小区，减少柑橘木虱迁飞传播黄龙病。同时，果园周边种有九里香、黄皮等柑橘木虱喜食的树种时，也应该砍除，或同时喷药。

2.采用无病苗木，首选无病容器大苗。购买苗木时，应到苗木基地查看，育苗地应远离病区，采用防虫设施育苗，苗木生产流程符合《柑橘无病毒苗木繁育规程》（NT/T 973—2006）标准的规定。无病容器大苗种植可减少幼树期管理成本，加快树冠形成，提前投产1～2年。

3.适当矮化密植。为加快果园投入成本回收，减少果园大面积劳动力投入，贡柑种植可采用株行距2米×3米。结合砍除黄龙病感染植株逐渐间伐，可相对减少黄龙病造成的经济损失。

4.及时喷药防除柑橘木虱。柑橘木虱的防治是柑橘黄龙病防控的重要环节，可参考柑橘木虱全年防治方案。喷药时最好统防统治，相邻果园一起喷药。

5.挖除病树，减少传染源。日常巡园时，发现柑橘黄龙病植株应及时喷药后挖除。

备注：品种不同抗病性不同。椪柑、蕉柑等最为感病，柚类品种较耐病。

二、褐斑病

（一）发病规律与症状

1.发病规律。真菌病害，主要危害幼嫩果实、叶片、枝梢；广东地区贡柑最易感病；不同柑橘品种表现有差异。病菌在叶片、枝梢、果实上越冬，通过气流传播，条件适宜时48小时即可产生症状。在温度合适（20～29℃）时，被害部位表面保持8～10小时的潮湿，病菌6～10小时即可完成侵染；当温度降低到17℃或上升到32℃时，需要24小时才能完成侵染。

2.发病症状。

（1）症状。主要危害嫩叶、新梢和幼果等幼嫩部位，引起植株落叶、落果、枯梢、果面病斑。病叶初生时散落圆形褐色小点，周围有黄色晕圈。病斑扩大后边缘略隆起，深褐色，中部黄褐色至灰褐色，略下陷，外围仍有黄色晕环。病斑圆形或不正圆形，少数愈合成不规则大斑。病斑大小为3～17毫米，一片叶上有3～5个病斑，严重时多达10余个。天气潮湿多雨时，病斑上密生

贡柑新梢叶片褐斑病危害状　　　　　贡柑新梢茎干褐斑病危害状

贡柑花期褐斑病危害状　　　　　　贡柑幼果期褐斑病危害状

黄褐色霉丛，病叶常变褐至黑色霉烂。天气干燥时，病叶常卷缩、焦枯脱落，春梢受害严重时大部分枯死，幼果几乎全部脱落，接近绝产。

（2）发病特点。

①气候条件：4～6月多发；中温，15～25℃多发；雨水多、湿度大多发。

②所有防治药剂持效期短，防治效果不佳，基本为10～15天。

③农事处理成效不明显，修剪越重，新梢越多，发病越严重。

（二）防治方法

1. 冬季清园或早春修剪（关键步骤）。冬季清园或早春修剪时，霸王枝从小剪除，剪除发病枝条并带出果园烧毁。果园全园喷施石硫合剂或矿物油加杀菌剂等2次。

2. 春梢萌发期防治。春梢及开花前避免施用过多氮肥，以减轻病害。在春梢萌发至2～3厘米时喷药，可使用预防药剂＋治疗药剂，隔7～10天喷1次，喷施2次，选晴天（避雨天）用药。

预防药剂：代森锰锌、代森锌、吡唑醚菌酯、喹啉铜等。

治疗药剂：苯醚甲环唑、戊唑醇、异菌脲、氟酰胺、氟啶胺（注意使用浓度、气温）等。

3. 谢花2/3时期防治。选择预防药剂＋治疗药剂，隔7～10天喷1次，喷施2次。注意轮换用药。

4. 秋梢萌发期防治。同春梢一样，不偏施氮肥。秋梢萌发2～3厘米时喷药，使用预防药剂＋治疗药剂，雨前雨后用药。喷施1～2次。

在果实着色期慎重使用粉剂，以免影响果实着色，降低果实经济价值。

三、炭疽病

（一）发病规律与症状

1. 发病规律。炭疽病为真菌病害，病菌主要借风雨和昆虫传播，从气孔或伤口侵入致病。主要危害叶片、枝梢和果实，亦危害花、柄、大枝和主干。冬季清园不彻底、树势差及偏施氮肥的果园易发病。

2. 发病症状见下图。

嫩梢炭疽病危害症状　　　　叶片炭疽病危害症状　　　　　炭疽病导致贡柑落叶

（二）防治方法

1. 冬季或早春修剪。加强冬季清园，剪除病枝、病果、病叶，减少侵染源。开春前可以喷施丙环唑、石硫合剂等减少树体病菌。

2. 春梢期防治。应以预防为主，把病害控制在发病初期。春梢嫩叶期喷施长效保护药剂（吡唑醚菌酯、嘧菌酯），中等持效期保护药剂（代森锰锌、苯醚甲环唑、丙森锌、代森锌、百菌清等）；已发生炭疽病应喷施咪鲜胺、咪鲜胺锰盐等药剂。

3.幼果期（5～6月）防治。幼果期结合砂皮病等病害防治，需喷2次。喷施治疗药剂＋保护药剂，15～20天喷1次，与第1次轮换用药。

保护药剂：吡唑醚菌酯、代森锰锌、丙森锌、代森锌。

治疗药剂：苯醚甲环唑、咪鲜胺、戊唑醇。

4.果实膨大期至转色期（8～10月）防治。此时也是炭疽病导致损失最严重的时期，要注意排水，防止果园积水，根系氧气供应不足，则植株抵抗力下降，引发落果性炭疽病。同时应该防治炭疽病，喷2～3次药，喷施治疗药剂＋保护药剂，15～20天喷1次。

5.成熟期防治。成熟期不单要防治炭疽病，而且还要注意由于酸雨而导致果实腐烂等。应喷施咪鲜胺＋生物膜防治炭疽病等，如果留树保鲜则需添加2,4-滴。

6.果实采收后贮藏前防治。使用2,4-滴＋抑霉唑/咪鲜胺＋双胍辛烷苯基磺酸盐浸果。

四、溃疡病

（一）发病规律与症状

1.发病规律。溃疡病为细菌性病害，为植物检疫对象；在25～30℃最易发生，高温、高湿天气是该病流行的必要条件。幼嫩组织最易感病，老熟组织一般不受侵害。夏梢、秋梢发病最为严重。病菌从气孔、皮孔、伤口侵入，病叶、病枝梢和病果为其主要越冬场所。果园偏施氮肥、大风天气易加重病害发生。

2.症状见下图。

沙糖橘夏梢溃疡病危害症状　　幼果期溃疡病危害症状　　贡柑茎干溃疡病危害症状

（二）防治步骤及方法

1.冬季或早春清园，剪除病部。彻底清园，减少菌源。在春梢、秋梢抽出前，清除病枝、病叶，剪除病斑较多的大枝，并集中烧毁。全园喷施石硫合剂或波尔多液2次，间隔15天1次。

2.施药。谢花后15天或春梢抽发时喷施药剂，每隔15天1次，连续2～3次。夏梢、秋梢抽发7～10天后，每隔15天1次，连续2～3次。注意轮换用药。

药剂选择：亚磷酸钾、硫酸铜钙、王铜、氢氧化铜、春雷霉素、中生菌素、噻唑锌、噻菌铜、波尔多液、松脂酸铜、喹啉铜、琥胶肥酸铜等。

适当控梢，统一放梢，对于病害发生严重的植株要进行修剪，去除病叶。尤其做好潜叶蛾等危害叶片的害虫防治工作，台风、下雨前后应及时喷药，防止病菌迅速蔓延。

3.施肥。切忌偏施氮肥，以有机肥作基肥，叶面喷施多肽、海藻酸等叶面肥加速新梢成熟，提高抵抗力；加强肥水管理，促使新梢整齐抽发。

4.营造防风林，减轻风害。易遭受果园风害且发生溃疡病的果园，溃疡病防治工作较难进行。因而在规划建园时，应该依据果园地势及风口位置设置防风林，能减轻风害，减少柑橘树体损伤，降低溃疡病发病率。

（三）亚磷酸钾在防治溃疡病中的应用

近年，溃疡病、红蜘蛛多发，以往防治溃疡病的药剂以铜制剂类为主，单用效果较好，混配药效差，分开用药则人工成本高，而且雨水较多的天气下难于多次打药。因此，笔者选用非铜制剂类药剂亚磷酸钾进行试验，以观察其混配性及对溃疡病的防治效果。

柑橘叶片溃疡病危害症状　　　　　红蜘蛛大量发生

1. 试验设计。

（1）时间。2017年6月18日至2017年7月1日。

（2）果园情况。树体叶、枝、果已发病。

树体叶、枝、果发病情况

（3）试验设计。分3组。

第1组：喷施亚磷酸钾600倍液。

第2组：喷施20％噻菌铜500倍液。

第3组：喷施亚磷酸钾600倍液＋矿物油400倍液＋春雷霉素400倍液。

挑选15棵已发病的树，每组5棵树，每棵树标记5个点，每个点取3片树叶 [包含发病树叶（发病轻树叶和发病严重树叶）与未发病树叶]，用药2次，间隔期为7天。

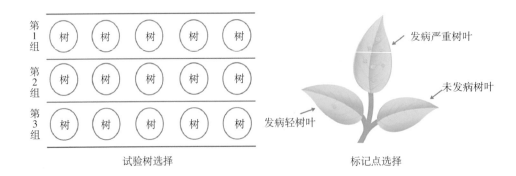

试验树选择   标记点选择

2. 试验效果。

（1）第1组。

发病轻树叶

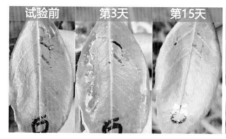
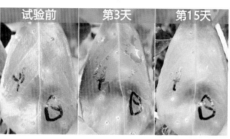

未发病树叶　　　　　　　　　发病严重树叶

结论：亚磷酸钾能有效控制溃疡病的扩散，对溃疡病有预防效果，对病斑的治疗效果较弱。

（2）第2组。

发病轻树叶

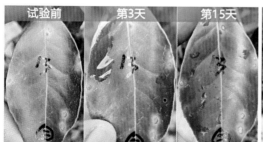
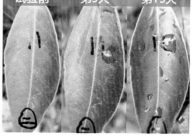

发病严重树叶　　　　　　　　　未发病树叶

结论：20%噻菌铜能有效控制溃疡病的扩散，对溃疡病有预防效果，对病斑治疗效果较弱。

（3）第3组。

发病轻树叶

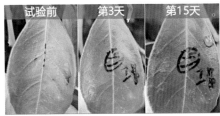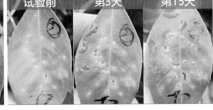

未发病树叶　　　　　　　　　　　发病严重树叶

结论：亚磷酸钾与矿物油、春雷霉素混配性好，不影响药效。

（4）各组药剂对病斑干枯效果对比。通过观察病斑周围晕圈，对比3组药剂对溃疡病斑干枯速度的影响。

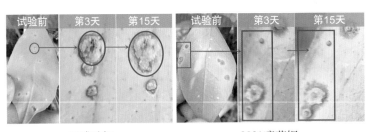

亚磷酸钾　　　　　　　　　　　20%噻菌铜

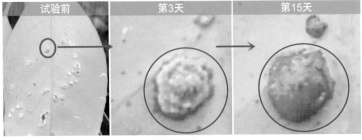

混配药剂

结论：①混配组合较单施药剂加快溃疡病病斑干枯。②亚磷酸钾比20%噻菌铜更快地加速病斑干枯。

3.试验总结论。

（1）溃疡病发病后喷施药剂对发病病斑治疗效果弱，应以预防为主。

（2）溃疡病发病严重时可混配药剂施用，用药间隔7天左右。

（3）亚磷酸钾能有效控制溃疡病的扩散，混配矿物油、春雷霉素等药剂不影响药效。

（4）亚磷酸钾较20%噻菌铜更快地加速病斑干枯。

五、脚腐病

柑橘脚腐病又名烂蔸病、裙腐病，病原菌主要为疫霉菌。发生在苗期造成小苗立枯病，感染成年树基部形成脚腐病，危害果实时产生褐腐病。柑橘茎基部感染脚腐病后，树皮腐烂，根系上下输送营养通道遭破坏，树势衰弱，严重者枯死。

根颈腐烂

植株枯死

（一）发病规律与症状

1.发病规律。高温高湿季节、果园土壤黏重、低洼积水、栽植过密过深、嫁接口被埋土中、树冠郁闭、天牛等蛀干性害虫危害均加重病害发生。选择枳、红橘、酸橘、酸橙为砧木，适当提高嫁接口位置，可减少发病。

2.发病症状。

（1）发病病症。高温高湿条件下，感病的柑橘根颈部常会出现不定形的病斑，病部皮层腐烂呈褐色，有一股明显的酒糟气味，并流出胶液，条件适宜时病斑会迅速蔓延，致使柑橘主干基部腐烂，严重时可使根颈部皮层全部坏死，导致整株枯死。

脚腐病导致柑橘茎基部褐化　　　　　　脚腐病导致柑橘烂根

（2）发病位置。主干基部至主干离地面60～70厘米区域均会发生。

根颈部受害褐变

（3）发病条件。

3月下旬开始发病，7～8月是发病高峰期，此期正是高温高湿季节，所以发病严重。

苗定植过深，土壤黏重、酸性、排水不良，施肥粗放而烧伤根颈皮层等均有利该病发生。

病菌由虫伤、冻伤、机械损伤等伤口处侵入，也可由皮孔、气孔等自然孔口侵入，在低温下潜伏期较长，在中温高湿条件下，4～5天即可出现症状。

（二）防治方法

1.选用抗病砧木。尽量采用枳壳类抗病砧木，适当提高嫁接部位，并适当浅栽让嫁接口露在土面，可减少发病机会。

2.起垄栽培，避免栽植过深。建园种植时避免栽植过深，切忌将嫁接口埋在土中。果园做好开沟排水，避免积水。

3.夏梢期及秋季（10～11月）防治。初夏前后，扒开疑似病树的根颈部土壤，一旦发现病斑，将腐烂的皮层、已变色的木质部刮除干净，再在伤口处涂药保护。药剂选择可以成膜的种衣剂，如精甲·咯·嘧菌酯或三乙膦酸铝等。同时，对于发病较重的植株，应该回缩1/3树冠。

涂刷杀菌剂

4.防治蛀干害虫，保护树冠下部果实。巡查果园时，发现蛀干害虫，如天牛、吉丁虫等，应及时捕杀幼虫或用敌敌畏等熏杀幼虫，减少对主干伤害，防止脚腐病危害主干。

对发病严重的果园，可在地面铺草，或用竹竿、细绳、渔网将地面的树枝撑起距地面1米以上。高温、果园涝害或大雨后，地面及下部树冠喷施杀菌剂，如乙铝·锰锌、三乙膦酸铝、波尔多液、氢氧化铜等。

六、缺镁症

（一）发病规律与症状

南方雨水多，柑橘园土壤呈酸性，镁淋溶较多。果园偏施高氮高磷高钾肥，土壤钾含量过高影响柑橘对镁的吸收。不同柑橘品种对镁需求量不同，从大到小为柚＞甜橙＞宽皮橘。老叶及果实附近的叶片常出现缺镁症状。发病时在叶脉间出现褪绿黄斑，逐渐向叶缘扩展，黄化区域扩大成片，使大部分叶片变黄，仅中脉及

贡柑叶片缺镁症状

叶基部绿色、呈倒V形，继续加重则导致落叶，树势严重衰弱，产量及果实品质下降。

（二）防治方法

1.合理施肥，基肥添加含镁肥料。广东柑橘园土壤普遍偏酸性，秋冬季施基肥时，可添加氧化镁、含镁石灰、钙镁磷肥等调节土壤酸碱度，同时增施镁肥。

2.叶面喷施。在每次新梢展叶后至老熟前，可喷施硫酸镁、硝酸镁等。浓度宜低，且应少量多次，提高利用率。

七、缺硼症

（一）发病规律与症状

南方柑橘园土壤普遍缺硼，加之雨水较多，造成土壤有效硼更低。果园偏施磷钾肥，土壤磷含量过高，影响硼吸收。缺硼导致成熟叶片黄化，叶脉木栓化变硬，严重时叶脉裂开。缺硼时，畸形花多，

年橘果实缺硼症状

坐果率低。幼果缺硼形成畸形"石头果"，果面具深褐色斑。成熟果果肉易枯水，品质差。

（二）防治方法

1.增施有机肥，添加硼肥。果园生草或种植绿肥，提高土壤有机质，增强保肥保水能力，减少雨水淋溶。秋冬季在施基肥时，每亩①添加0.5～1.0千克硼砂。

2.叶面施肥。在每次新梢展叶后至老熟前，喷施浓度0.1%的高质量硼砂，连续喷施2次，间隔7～10天。

---

① 亩为非法定计量单位，1亩＝1/15公顷，下同。——编者注

第二节
主要虫害防治

一、柑橘木虱

（一）发生规律与症状

1.发生规律。柑橘木虱是柑橘黄龙病的传病媒介，是柑橘嫩梢期的重要害虫之一。在广东、广西一年发生7～14代，福建等地一年8代，每头木虱雌虫平均可产卵630～1 230粒。主要危害嫩梢，春梢、夏梢、秋梢抽发期为高峰期，以晚夏梢、秋梢最多。

2.虫态及危害症状。

卵　　　　　　　　　　若虫　　　　　　　　　　成虫

若虫危害状态　　　　　　　成虫危害症状

（二）防治方法

推荐使用药剂：噻虫嗪、吡虫啉、有机磷药剂（如毒死蜱、敌敌畏等）、印楝素乳油、阿维菌素、矿物油、菊酯类等单一药剂或复配制剂，按照说明书使用，并轮换用药。

1. 减少木虱食物来源。柑橘木虱寄主主要有柑、橘、橙、柚、柠檬、九里香和黄皮等多种芸香科植物。果园品种尽量安排同一品种，同时加强栽培管理，抹除零星嫩梢，尽可能统一放梢，便于喷药防治。清除果园周围零星芸香科植物，如九里香、黄皮等，减少木虱食物来源，降低虫口基数。

2. 冬季清园。采果后清园喷药，消灭木虱越冬成虫，可喷施矿物油＋阿维菌素等，可同时兼治柑橘红蜘蛛、煤烟病等病虫害。

3. 春梢、夏梢、秋梢抽发期喷药保梢。新梢抽发不一致导致木虱食物来源不间断，加大木虱防治难度。可使用短效及长效内吸性复配药剂，如高氯·噻虫嗪、高氯·吡虫啉等，增强防效。春梢、夏梢、秋梢抽发期，芽刚好露出芽苞即喷药防治，间隔5～10天1次，连续喷施2～3次。

二、红蜘蛛

（一）发生规律与症状

1. 发生规律。螨类是柑橘重要害虫之一，其中危害最严重的是柑橘全爪螨，又名红蜘蛛。一年发生12～20代，年均温22℃以上地区可发生30代。3～5月春梢期大量发生，出现第1次高峰，9～11月秋梢抽发期出现第2次高峰。

2. 虫态及危害症状。

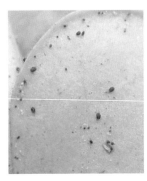 

红蜘蛛虫态　　　　　　　　　　红蜘蛛危害症状

（二）防治方法

常用药剂：松脂合剂、机油乳剂、矿物油、松脂酸钠、阿维菌素、印楝素、苦参碱、石硫合剂、腈吡螨酯、苯丁锡、哒螨灵、炔螨特、联苯肼酯、四螨嗪、噻螨酮、螺螨酯、乙螨唑、三唑锡等。

1.冬季清园，喷药杀卵。红蜘蛛危害严重的柑橘园，结合整形修剪，剪除害螨藏匿的卷叶、衰老老枝，烧毁处理。冬季清园用炔螨特（或哒螨灵、阿维菌素等）＋矿物油＋石硫合剂等，喷施2次，间隔15天，以降低越冬虫口基数。

2.春梢萌发至幼果期防治。越冬虫卵孵化盛期，防治指标为100片叶上平均每片叶有 1 ～ 2 头时喷药。喷施杀卵及杀成虫药剂，如哒螨灵、乙螨唑、噻螨酮、甲氰菊酯、阿维菌素、矿物油、螺螨酯等。

螨害严重且较难控制的果园，可以喷施炔螨特、腈吡螨酯等，切勿随意加大剂量。

3.秋梢萌发期至采果前一个月防治。秋梢萌发期是防治红蜘蛛关键阶段，也是红蜘蛛一年第2个高峰期，如遇秋旱，更应加强红蜘蛛防治，及时喷药，注意轮换用药。

4.生草栽培，改善果园小气候。园区实行生草栽培，保护园内藿香蓟类杂草和其他有益草类，或间种豆科类绿肥植物，以生物质覆盖地面，调节园区温度、湿度，改善田间小气候，创造有利于捕食螨等天敌的栖息繁衍条件。

三、锈蜘蛛

（一）发生规律

1.发生规律。锈蜘蛛又称锈瘿螨、锈壁虱、锈螨等。广东一年可发生24代以上。春季平均气温达到15℃左右时开始繁殖危害。卵主要散产于叶背面和果实表面凹陷处。幼螨4月中旬开始危害春梢，5月上旬开始危害幼果，7 ～ 10月为发生盛期，夏秋两季危害严重。夏季高温和秋季干旱加重危害。

2.危害症状。

果实危害症状（右图果实隐蔽处锈蜘蛛危害明显）

（二）防治方法

1. 保护天敌。果园内种植覆盖作物或生草栽培，夏秋干旱时应及时灌溉，保持果园小气候湿润。多毛菌是锈蜘蛛天敌，高温季节柑橘病害发生时减少或避免使用铜制剂，以保护天敌。

2. 喷药防治。5～7月，当锈蜘蛛危害果园出现一个黑皮果时，应立即喷药防治。喷药时应先喷树冠内腔，后喷树冠外周，特别是果实和叶背阴面。

药剂选择：虱螨脲、炔螨特、阿维菌素、代森锰锌、丙森锌、石硫合剂、印楝素、唑螨酯等。应该7～10天用1次药，根据危害情况喷施2～3次。

四、蓟马

（一）发生规律与症状

1. 发生规律。柑橘上发生的蓟马包括柑橘蓟马、茶黄蓟马等。部分季节时段，不同种类蓟马共同危害柑橘。一般柑橘蓟马一年发生7～8代，世代重叠；茶黄蓟马5～6代。二者在夏梢期常同时危害柑橘嫩叶、嫩枝。每年5月开始在植株的嫩叶、嫩芽和幼果上取食汁液。3～10月发生危害，以柑橘开花至幼果期（4～9月）危害最重。

2. 危害症状。

柑橘蓟马取食花

贡柑叶片蓟马危害症状

柑橘幼果蓟马危害症状

（二）防治步骤及方法

1. 冬季清园。蓟马以卵、幼虫或成虫在受害植株的缝隙、芽苞、杂草等处越冬，清除杂草、喷施清园药剂如矿物油＋菊酯类/噻虫嗪兼治柑橘木虱等可有效降低越冬虫口基数。

2. 柑橘春梢萌发至谢花2/3时防治。推荐用药有高氯·噻虫嗪、高氯·吡虫啉等。

蓟马成虫主要产卵于柑橘的嫩叶、嫩枝、幼果等表面，若虫孵化后在幼果萼片附近取食，会造成果蒂疤痕。蓟马具有趋嫩性，可加入内吸性杀虫剂，提高防治效率。

蓟马喜锉吸幼嫩果皮。谢花2/3时，蓟马开始到幼果上危害，造成花皮果，严重影响果实外观。喷施药剂同上推荐用药。

3. 夏梢、秋梢期防治。7～9月夏梢、秋梢期，多种蓟马易同时发生。一般7～10天喷1次药，连喷2次，可与红蜘蛛同时用药兼治，可使用啶虫脒、吡虫啉、乙基多杀菌素、菊酯类药剂等。

备注：在柑橘开花至幼果期可用蓝色粘虫板、蓟马信息素等监测并诱杀成虫。

五、蚜虫

（一）发生规律与症状

1. 发生规律。蚜虫常造成春梢、夏梢、秋梢等嫩叶卷曲，其分泌蜜露污染橘叶，诱发煤烟病，为柑橘衰退病传播媒介。一年发生10～30代，暖冬季节可全年危害。通常2月下旬到4月，越冬卵孵化，5～6月及9～10月繁殖最盛，危害严重；春梢成熟前达高峰。8～9月危害秋梢嫩芽、嫩枝，受害新梢生长不良，直接影响次年产量。

2. 危害症状。

柑橘嫩梢蚜虫危害症状

（二）防治方法

1.冬季清园。冬季剪除被害枝梢和有虫、卵的枝梢，尤其是剪除受害的晚秋梢，减少越冬虫口基数。

2.新梢期防治。在柑橘生长季节，每次新梢应控制抽梢一致。当新梢有蚜虫危害时结合防治柑橘木虱，可喷施高效氟氯氰菊酯、吡虫啉、啶虫脒、噻虫嗪、甲氰菊酯等药剂。

注：果园适当栽培生草，以保护和利用天敌。为捕食蚜虫的天敌如瓢虫、食蚜蝇、蚜茧蜂和跳小蜂等提供生境。

六、潜叶蛾

（一）发生规律与症状

1.发生规律。潜叶蛾在广东地区一年发生12代以上，世代重叠。繁殖最适温度为24～28℃，首先危害4月下旬抽发的新梢，以每年6～8月夏秋嫩梢抽发期危害严重，尤以秋梢危害最重。造成的伤口成为溃疡病入侵处，往往有溃疡病的果园，潜叶蛾危害加重溃疡病发生。被害卷起的叶片是病害及红蜘蛛等虫害的越冬场所。

2.虫态及危害症状。

幼　虫

潜叶蛾危害症状

（二）防治方法

1. 冬季清园。清园时，受害严重枝条和越冬虫枝应剪除，减少虫口基数。对于溃疡病、褐斑病等发病严重的果园，应一并剪除病残枝，清理烧毁。

2. 夏梢萌发期防治。结合疏果，摘除早抽发的夏梢。新芽0.5厘米左右时，结合柑橘木虱、蚜虫防治等喷药，间隔7天喷第2次，连续2～3次。使用药剂有吡虫啉、阿维菌素、除虫脲、噻虫嗪、菊酯类等。

3. 秋梢萌发期防治。适时统一放梢，摘除过早或过晚抽发不整齐的嫩梢，从而减少虫源。药剂同夏梢萌发期防治。

七、斜纹夜蛾

（一）发生规律与症状

1. 发生规律。斜纹夜蛾食性杂，危害多种作物，如花生、猕猴桃、柑橘等。世代重叠严重，无越冬现象。5～6月正值柑橘、花生等生长旺季，斜纹夜蛾食物来源广，迅速暴发。

柑橘苗圃4月下旬可见成虫产卵，卵多产在叶背，从数十粒到百余粒不等，分2～3层，不规则重叠成卵块，上覆盖黄白色虫体绒毛，初孵幼虫因爬行能力有限，集中危害，啃食叶片呈网状。二龄以上幼虫分散咬食柑橘未转绿新叶，致叶片缺刻、孔洞或只留主脉，树冠新叶残缺。幼虫昼伏夜出，傍晚开始活跃，受惊动时掉落地面蜷缩假死。

2. 虫态及危害症状。

斜纹夜蛾卵块　　　　　　　　　　斜纹夜蛾初孵幼虫

斜纹夜蛾幼虫危害症状　　　　　　　　　斜纹夜蛾成虫

（二）防治方法

1.摘除卵块。4月下旬开始检查果园，发现虫卵后立即摘除卵块，减少虫口密度，尤其是越冬成虫所产卵块，应尽早摘除。发现虫卵一星期后全园检查有无孵化成虫，发现后立即用药。

2.6月上旬开始药剂防治。初孵幼虫可喷施高氯·吡虫啉、高氯·噻虫嗪、甲氨基阿维菌素苯甲酸盐、苏云金杆菌（Bt）制剂等；成虫可选择棉铃虫核型多角体病毒500～1 000倍液、5.7%甲氨基阿维菌素苯甲酸盐1 500倍液、高氯·吡虫啉等喷施。喷施时50千克水可添加300～500毫升醋或1千克糖，引诱成虫进食，加快杀虫速度；下午5时后喷施药剂，视发生情况喷施2～3次药，5～7天喷1次。

3.诱杀成虫。4月中下旬开始可用黑光灯等杀虫灯诱杀成虫。

八、橘小实蝇

（一）发生规律与症状

1.发生规律。橘小实蝇为检疫性害虫。寄主除柑橘类外，还危害枇杷、阳桃、番石榴、桃、李、番木瓜、香蕉、番荔枝、洋蒲桃（莲雾）、人参果、梨等果树。7～10月为小实蝇危害盛期，发生受气候及当地瓜菜水果种类等影响。小实蝇以产卵管刺伤寄主果实，产卵于果皮和果囊之间，卵在夏秋季1～2天，冬季3～6天可孵化出幼虫。老熟幼虫从果中逸出到地下3～7厘米土壤内化蛹。

2.虫态及危害症状。

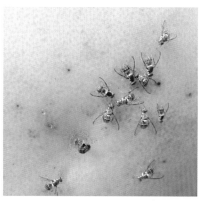

橘小实蝇成虫   橘小实蝇成虫

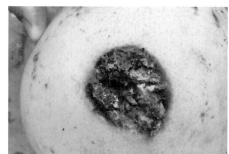

橘小实蝇危害症状   橘小实蝇卵（箭头所指白色部分）

（二）防治方法

1.果园种植品种尽可能单一。橘小实蝇食性杂，危害瓜菜及水果，建园种植时，尽可能种植同一品种，品种过多易导致橘小实蝇形成持续危害，应及时对果实进行套袋。

2.诱杀成虫。7～10月为橘小实蝇发生高峰期，果园悬挂引诱剂（诱虫黄板、诱虫瓶等），1亩地10个左右，离地面1.5米左右，挂在枝叶繁茂的枝条上，不要裸露在阳光下，大概20～30天换1次引诱剂。利用黄熟的石榴或蛋白类、酵母类、糖蜜类等拌上溴氰菊酯药液装入诱笼，每10天更换1次诱饵。

3.药剂防治。在果实开始转色时，使用溴氰菊酯、敌百虫、阿维菌素、毒死蜱等药剂添加3%红糖进行喷雾，7～10天1次，连续2～3次。

4.销毁被害果实，冬季清园浅翻。受害果实及时摘除和捡拾，集中深埋，防止幼虫化蛹。虫害严重的果园可在冬季进行浅耕，达5～10厘米土层，杀死土中越冬幼虫及蛹，减少越冬虫口。

九、同型巴蜗牛

（一）发生规律与症状

持续的降雨天气带来的不仅是洪涝灾害，同型巴蜗牛经常会大量涌现，并造成较严重的危害。

1.发生规律。

（1）喜好阴暗潮湿、多腐殖质的环境，适应性极强。

（2）畏光，昼伏夜出，取食多在傍晚至清晨。

（3）地面干燥或大暴雨后，沿树干上爬，停留在茎和叶片背面。

（4）持续降雨天气和密植、潮湿的果园发生尤为严重。

（5）4～5月为一个危害高峰期，清明雨季虫口剧增；两广地区夏季受台风影响6～8月强降雨，导致蜗牛危害严重。

2.虫态及危害症状。

（1）蜗壳扁球状，直径1～2厘米。壳面呈黄褐色或红褐色，并有稠密而细致的生长线。头部有2对触角，足下分泌黏液。

同型巴蜗牛

（2）叶片有刻缺和孔洞，叶片枯黄。

柑橘叶片同型巴蜗牛危害症状

（3）果实的果皮凹塌，呈灰白色疤斑。疤斑似溃疡病，严重的甚至形成孔洞。

柑橘果实同型巴蜗牛危害症状

（二）防治方法

1. 农业措施。

（1）合理修剪，剪除贴地下垂枝条，切断其上爬通道。

（2）排除积水，适当疏枝，通风透光。

（3）危害前进行树干涂白或地面撒施石灰。

（4）放养鸡鸭啄食或人工抓虫。

2. 化学防治。

（1）在清晨和傍晚用5%～10%硫酸铜或1%～5%食盐溶液对树盘、树干处进行喷施。

（2）每亩用6%四聚乙醛颗粒剂0.5～0.6千克拌干细土10～15千克均匀撒施于田间或树周围。

撒施杀蜗牛药

（3）使用胶带粘上6%四聚乙醛颗粒，在靠近地面约20厘米的树干上缠绕一圈。

胶带粘杀蜗牛药来防止蜗牛上树危害

四聚乙醛有特殊香味，有很强的引诱力。蜗牛从树上爬下来取食或接触到药剂后，体内乙酰胆碱酯酶大量释放，破坏蜗牛体内特殊的黏液，使蜗牛体迅速脱水，神经麻痹，并分泌黏液，由于大量体液流失和细胞被破坏，蜗牛在短时间内中毒死亡。一般可以复配甲萘威一起使用。

十、黑蚱蝉

（一）发生规律与症状

1. 发生规律。

（1）蝉完成一个世代需要4～5年。

（2）成虫于端午节前约15天出土，爬向树冠羽化。

（3）6～8月产卵于上一年的秋梢上，偶有产在当年春梢上，导致枝条、叶片、果实枯萎。

（4）卵期长达10个月左右，产卵枝存留在树上越冬，次年5月上中旬陆续孵化，并落入土中发育，若虫成长期长达3～4年。

（5）成虫寿命60～70天，白天在树干上群集栖息，晚间有趋火光的习性。

2. 虫态及危害症状。虫体黑色或黑褐色，有光泽，雄虫能鸣叫；雌虫不能鸣叫，但有发达产卵器，雌成虫将产卵器刺入小枝条木质部造成产卵窝，产卵于枝条木质部中。卵细长，两端渐尖，如梭形，刚孵化出的若虫乳白色，细如蚂蚁。

若虫落地后钻入土中，随后几年吸取树木根部汁液发育成长，老熟若虫大量筑卵化蛹室，末龄若虫羽化时于晚上破室爬出，在树干或叶片处固定后，在背部破皮羽化，末龄若虫黄褐色，前足发达，状如成虫体。

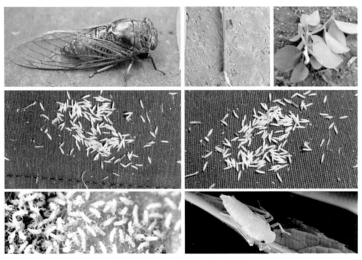

黑蚱蝉成虫、幼虫及危害情况

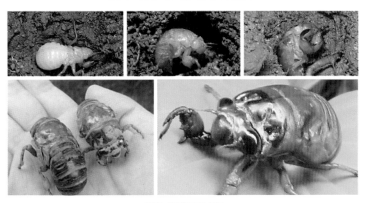

黑蚱蝉发育过程

枝条枯萎落叶

枝干树皮开裂，有啃食痕迹

（二）防治方法

1.农业措施。

（1）在端午节前（5月底6月初）进行松土，翻出蛹室，清除若虫。

（2）树干包扎8～10厘米宽的塑料薄膜一圈，阻止老熟若虫沿树干爬向树冠。

（3）产卵枝条在叶片枯萎未脱落前及时剪除并集中烧毁。

树干包扎薄膜，阻止蚱蝉上树危害

2.化学措施。

（1）若虫出土盛期（端午节前），地面撒施或淋施毒死蜱、高效氟氯氰菊酯等药剂，配制毒土杀死土壤中的若虫。

（2）成虫盛期（6～8月），叶面喷施48%毒死蜱、5%高效氟氯氰菊酯进行防治。

图书在版编目（CIP）数据

全图解柑橘生产痛点难点及解决方案/刘湘林，姜波，马崇坚主编. —北京：中国农业出版社，2021.11（2024.3重印）

ISBN 978-7-109-28684-9

Ⅰ.①全… Ⅱ.①刘…②姜…③马… Ⅲ.①柑桔类－果树园艺－图解 Ⅳ.①S666-64

中国版本图书馆CIP数据核字（2021）第161524号

全图解柑橘生产痛点难点及解决方案

中国农业出版社出版

地址：北京市朝阳区麦子店街18号楼

邮编：100125

责任编辑：黄 宇　文字编辑：李瑞婷

版式设计：杜 然　责任校对：沙凯霖　责任印制：王 宏

印刷：中农印务有限公司

版次：2021年11月第1版

印次：2024年3月北京第3次印刷

发行：新华书店北京发行所

开本：700mm×1000mm　1/16

印张：8.75

字数：155千字

定价：68.00元